AF588945

SOCIÉTÉ CENTRALE D'AGRICULTURE DE NANCY.

EXTRAIT

De la Séance publique *du* 12 *Mai* 1844, *présidée par* *M.* Lucien Arnault, *Préfet de la Meurthe.*

PRÉCIS

Des travaux de la Société centrale d'Agriculture de Nancy, *depuis sa dernière Séance publique, par* *M.* Chrétien (*de Roville*), *Membre ordinaire.*

Messieurs,

Appelé pour la première fois à l'honneur de faire le précis de vos travaux, c'est au moment même où je dois prendre la parole, que je sens le mieux combien je suis au-dessous de la tâche que j'ai acceptée ; mais l'indulgence que vous avez bien voulu m'accorder déjà, m'enhardit, et elle ne peut me faire défaut au moment même où elle me devient le plus nécessaire.

Ce Rapport serait bien simplifié, Messieurs, si, comme les précédents, il ne devait être qu'un résumé de vos travaux :

mais il est, avant tout, pénible, et je ne pouvais qu'être arrêté, en songeant que ce jour doit nous rappeler les pertes les plus douloureuses pour la France et pour notre Lorraine en particulier. A peine l'illustre directeur de Roville, *Mathieu de Dombasle*, venait-il de descendre dans la tombe, que notre Vice-Président, M. *Charles Mandel,* l'homme zélé et généreux près duquel on n'avait jamais réclamé en vain une obole pour le pauvre, ni un appui pour la science, payait aussi à la terre son dernier tribut. Dès les premiers symptômes de sa maladie, l'idée d'une fin prochaine le préoccupait; mais il avait toujours un moment pour ses amis et pour ses confrères surtout. Comme vous l'a fait connaître M. le docteur *François de Schaken*, dans un Rapport particulier sur la maladie de notre collègue, jusqu'au dernier jour, cette belle âme n'a rien perdu de son énergie, et elle avait conservé toutes ces qualités nobles et pures, qui ont fait si longtemps le charme de vos réunions. L'idée d'une autre vie, où l'on goûte le véritable repos dû à une honorable carrière, est la seule qui puisse adoucir ici notre douleur sans diminuer notre perte; et le sentiment de l'immortalité, bien souvent le seul qui nous rattache à cette vie pleine de misères, se mêlera toujours comme un baume consolateur au souvenir d'un homme véritablement remarquable dans ses pensées comme dans ses actions.

Charles Mandel, il y a un an, occupait cette même place d'où je déplore sa perte; malgré des détails fastidieux tels qu'en comporte un Rapport de ce genre, il savait soutenir jusqu'au dernier moment l'attention de son auditoire : c'était toujours avec un charme nouveau qu'on entendait les mêmes choses sortir de sa bouche; les saillies et les bons mots relevaient à chaque instant l'aridité du discours. Mais désormais ses paroles si éloquentes et si chaleureuses ne viendront plus porter la persuasion parmi nous. A un autre donc a dû être réservée pour aujourd'hui la tâche de le suivre, mais non de le remplacer.

Et vous que le monde entier vénère, et que notre département, notre ville de Nancy surtout était si fière de posséder dans son sein! Vous, de qui notre honorable Président disait, l'année dernière: C'est par lui que Roville est devenu un foyer de lumières qui se sont répandues dans toute la France, vous avez aussi quitté ce monde pour lequel vous aviez tant fait. Les récompenses d'ici-bas, *Mathieu de Dombasle* les a refusées, toutes les fois que son intérêt personnel seul a été mis en jeu; c'est près du rémunérateur de tous les mondes et de toutes les actions, qu'il attendait sa véritable gloire. C'est de là qu'il verra l'avenir profiter de ses travaux; c'est de là aussi qu'il pourra s'attribuer, sans crainte de jalousie, la meilleure part dans les progrès de la richesse nationale; et, s'il ne guide plus ces élèves, que vous receviez avec tant de joie à vos réunions précédentes, si nos cultivateurs ne profitent plus immédiatement de ses avis, ce ne sont pas moins ses préceptes qu'ils suivront et qu'ils enseigneront eux-mêmes à leurs enfants. Comme l'a dit, avec tant de vérité, M. *Moll*, notre honorable correspondant, il n'y a peut-être pas un seul champ en France sur lequel les principes de l'école de Roville n'aient produit déjà, ou ne produiront bientôt l'influence la plus heureuse. Car tout se lie en agriculture, les améliorations comme les procédés, et le moindre des perfectionnements entraîne après lui les plus grandes conséquences.

La mort de *Mathieu de Dombasle* a laissé dans la littérature agricole un vide immense qu'en vain peut-être on cherchera à remplir, et, si déjà nous ne pouvons que trop apprécier notre perte, nous la déplorerons bien plus encore, lorsque les ouvrages inédits, derniers produits de cette plume laborieuse, seront livrés au public. L'agriculture française devra beaucoup à M. *de Meixmoron*, gendre de M. *de Dombasle*, pour les soins qu'il met à recueillir tout ce qui est émané du grand agronome, et il peut être certain qu'une sympathie générale attend l'apparition de ces œuvres, désormais immortelles.

La perte que venait de faire la France était trop vivement sentie, et l'admiration pour les travaux si remarquables du directeur de Roville était trop grande, pour qu'un sentiment unanime n'engageât pas le pays tout entier à conserver la mémoire du père de son agriculture moderne. La même idée s'est emparée des esprits, et, à Paris comme à Nancy, elle les a tous réunis dans un même sentiment de reconnaissance. Il ne pouvait en être autrement; car *Mathieu de Dombasle* et Roville sont pour l'histoire deux noms à jamais inséparables: c'est à eux, en effet, que se rattache le véritable commencement de l'ère nouvelle que parcourt actuellement l'agriculture française. Il nous restera un autre souvenir du premier Institut agricole qu'ait possédé la France : en quittant Roville, M. *de Dombasle* a doté Nancy d'une fabrique d'instruments qui survit à son fondateur, et, sous l'habile direction de MM. *de Meixmoron-Dombasle* et *Noël*, il faut bien espérer que longtemps encore elle fera l'orgueil des Lorrains.

C'est à côté même du lieu de nos réunions, Messieurs, que va s'élever ce monument appelé à conserver, parmi les générations futures, si jamais elles pouvaient l'oublier, le souvenir du premier génie agricole de France au dix-neuvième siècle. Le pays tout entier a été appelé à prendre part à la souscription qui s'est formée au sein de la Société; et déjà les étrangers eux-mêmes ont montré toute leur sympathie pour notre projet, en ajoutant leurs offrandes aux nôtres. Nos cultivateurs comprendront-ils bien que, les premiers, ils sont appelés à concourir à la réalisation d'une œuvre proclamée d'une voix unanime ? Nous aimons à le croire, quoiqu'ils n'aient pas montré, jusqu'à ce jour, tout l'empressement sur lequel on aurait pu compter ; ils se hâteront, nous en sommes convaincus, de suivre l'exemple de notre premier magistrat, et on ne tardera pas à voir bientôt se remplir la liste toujours ouverte à l'Université. N'oublions pas de le dire néanmoins, Messieurs, la ville de Nancy et l'administration municipale ont bien mérité de la reconnaissance publique dans cette occasion, en allouant une somme de 5,000 fr. pour la statue, et en décidant, d'après la proposition de notre Collègue, M. *Daurier,* que la place du Collége porterait à l'avenir le nom de *place Dombasle*.

Nous devons aussi la plus vive reconnaissance à notre célèbre statuaire, M. *David,* d'Angers, qui vous exprime, dans sa lettre à M. *Poirel*, Président de la Commission de souscription, combien il attache de prix à représenter les traits de notre célèbre agronome. Les hommes vraiment grands, Messieurs, ne peuvent avoir de petits sentiments ; mais nous sommes persuadés aussi que le travail dont veut bien se charger M. *David* ne sera pas un de ses moindres titres au souvenir de la postérité.

Quelle fatale coïncidence a donc voulu que, dans la même année, le monde agricole et scientifique eût à déplorer la mort d'un si grand nombre d'illustrations ! Pendant que notre Société perdait, parmi ses correspondants étrangers, le prince *Galitzin*, gouverneur général de Moscou et protecteur-né de l'agriculture, la Prusse-Rhénane et la France déploraient la mort de *Charles Villeroy*, un des premiers agriculteurs de l'époque, votre correspondant aussi, et l'associé de *Félix Villeroy* pour la traduction de *Schwertz*. Par une autre et fatale bizarrerie du destin, une tombe encore se refermait sur le fondateur de l'Institut de Hohenheim, aujourd'hui le plus important de l'Europe : *Schwertz,* qui s'était retiré à Mayence, est mort vieux, infirme et dans un état voisin de la misère, le 11 février 1844. L'Allemagne suivra, sans doute, l'exemple que vient de lui donner la France pour *Mathieu de Dombasle;* elle ne peut oublier une des plus pures de ses illustrations, l'homme dont le nom figure dignement à côté de *Thaer*, le *Dombasle* allemand.

Si vous avez à regretter des pertes, Messieurs, vous avez fait aussi des acquisitions dont vous avez tout le droit de vous honorer. D'abord, dans la classe des Membres Auditeurs, dont la création est due en grande partie à l'honorable Vice-Président dont nous déplorons la mort, vous avez reçu :

MM. *Barbier-Barbier,* propriétaire à Nancy ;

Patenotte fils, jardinier-fleuriste à Nancy ;

Riss fils, vétérinaire-adjoint au 1er régiment de hussards ;

Vatelot, professeur de mathématiques à l'Ecole normale primaire ;

Boulangé aîné, conservateur des hypothèques ;

Casse, artiste-vétérinaire ;

Elie-Baille, membre du Conseil municipal ;

Larcher, docteur en médecine ;

Mehl, percepteur des contributions directes ;

Patenotte père, jardinier;

Poirot, notaire ;

Euriat, cultivateur à Roville ;

Ferry, jardinier à Pont-à-Mousson ;

Jeandel, cultivateur à Flavigny ;

Victor Hermite, négociant à Nancy ;

Vivenot, architecte à Nancy ;

Duhaut, chef de division à la Préfecture;

Marc, cultivateur à Villers-sous-Prény;

Moisson, propriétaire à Nancy;

Courvoisier, ancien officier de cavalerie;

Goudchaux-Picard, ancien fabricant de draps;

Charles de Ludres, ancien député;

Dubois, propriétaire à Essey;

Gauché-Chaumont, ancien élève de Roville, cultivateur à Loro-Montzey;

Joly, propriétaire à Nancy;

Pelletier, cultivateur à Jarville;

Zeyssolff, ancien professeur à Roville et secrétaire de M. *de Dombasle*;

De Meixmoron-Dombasle, fabricant d'instruments aratoires à Nancy;

Jules Chamagne, cultivateur-propriétaire à Dombasle;

Maix, ancien notaire, propriétaire à Nancy;

Renaud, cultivateur à Saulxures;

Marin, propriétaire à Saint-Nicolas;

Honoré, cultivateur à Râmont, près Mazerulle;

Mangeot aîné et *Mangeot* neveu, cultivateurs à Agincourt;

Henri Lepage, auteur de la Statistique de la Meurthe, à Nancy;

Collin, cultivateur à Gérardcourt.

Par suite de décès ou de démission, la Société a reçu dans la classe des Associés libres:

MM. *Charles Lefebvre*, en remplacement de M. *Devarenne*, décédé;

Rougieux, en remplacement de M. le baron *Parmentier* décédé;

De Landrian, *Lebègue*, *Patenotte* fils, *Vagner*, en remplacement de MM. *Hallé*, *Lahalle*, *Weivaada*, décédés, et de M. *Poirel*, devenu Membre ordinaire ;

Alphonse Le Petit, en remplacement de M. *Marin*, démissionnaire.

M. *Colin Saint-Michel* père ayant désiré rentrer dans la classe des Associés libres, a pris la place de M. *Colin Saint-Michel* fils, qui lui-même est devenu Membre ordinaire.

M. *Marc*, Auditeur, entre dans la classe des Associés libres, en remplacement de M. *Daurier*, devenu Membre ordinaire, et M. *de Lépinau* en remplacement de M. *Gouy*.

Par suite de ces divers changements, les nouveaux Membres ordinaires sont donc :

M. *Poirel*, avocat général, en remplacement de M. *Lippmann* ;

M. le baron *Daurier*, en remplacement de M. *deDombasle*;

M. *Colin Saint-Michel* fils, en remplacement de M. *Colin Saint-Michel* père ;

Et M. *Gouy*, en remplacement de M. *Ch. Mandel*.

Enfin, vous avez admis parmi vos Membres correspondants :

MM. Le Comte *Gérard Freschi*, rédacteur de l'*Amico del Contadino*, à San-Vito del Tagliamento (royaume Lombardo-Vénitien) ;

Moutonnet père, médecin-vétérinaire à Paris, et membre de plusieurs Sociétés savantes;

Simon Bouvier, propriétaire à Jodoigne, arrondissement de Nivelle (Belgique) ;

Holandre, président de la Société d'Horticulture du département de la Moselle.

Un grand nombre de mémoires, Messieurs, vous ont été communiqués, et, si l'abondance des matières vous a souvent empêché de les reproduire textuellement dans le *Bon Culti-*

vateur, vous n'en devez pas moins témoigner aujourd'hui toute votre reconnaissance à leurs auteurs.

Parmi ceux de vos Collègues les plus actifs et les plus zélés pour les progrès de l'art, on peut placer en première ligne M. le comte *de Montureux,* qui vous a adressé plusieurs notices fort curieuses et dont la Société a pris connaissance avec le plus grand intérêt. Elles portaient les titres suivants :

1° *Considérations sur l'influence qu'aurait, sur le bien-être général, un accroissement dans la consommation du vin ;*

2° *Sur la possibilité de diminuer les frais de mise en valeur des marais et autres terres sujettes à être inondées ;*

3° *Sur les moyens à employer pour remédier à la rareté des animaux de culture ;*

4° *Sur la possibilité d'utiliser les graines de pommes de terre, ainsi que la pulpe qui les renferme ;*

5° Enfin un *Mémoire sur les réunions territoriales,* soumis en ce moment à l'examen d'une Commission.

M. *Grandœury,* sur l'exploitation duquel un Rapport vous a été fait dans le courant de l'année, vous a communiqué sa demande à M. le Ministre de la Guerre, pour l'occupation de sa caserne (1). Ses vœux ont été exaucés, et la Société ne peut que remercier l'administration, d'avoir ainsi compris les sacrifices du propriétaire de Saint-Charles.

M. *Nollet,* géomètre-arpenteur à Toul, vous a adressé la *Description d'un Dendromètre,* qu'il regarde comme très-avantageux pour mesurer toutes les hauteurs, mais surtout celle des arbres.

Un an environ avant sa mort, M. *de Dombasle* venait de terminer ses *Œuvres diverses,* dont il vous avait adressé un

---

(1) Voir *Bon Cultivateur*, année 1843, p. 351.

exemplaire. M. *Poirel* vous en a rendu compte, en même temps que des *Annales* de M. *Guérard* (1). Ces deux ouvrages, écrits dans le même but, s'adressent, néanmoins, à des intelligences bien différentes. Le premier, composé de morceaux détachés relatifs à l'Agriculture, à l'Économie politique et à l'Instruction, relève certaines opinions que l'auteur regarde comme des erreurs; tandis que l'autre, écrit pour les instituteurs, est tout à fait local, mais n'en a pas moins son très-grand mérite.

Parmi les autres communications qu'a reçues la Société, on doit signaler :

La *Notice sur la Morve chronique et le Farcin*, par M. *Moutonnet* père;

Quelques mots sur la nécessité d'une organisation pour l'Agriculture de la France, par M. *de la Chauvinière*, votre correspondant, Rédacteur du *Cultivateur*, Journal des progrès agricoles;

Au Pays et aux Chambres, le Comice hippique;

Théorie de l'aménagement des Forêts, par M. *Noirot Bonnet;*

Le Postillon lorrain, par M. *Vagner;*

Un *Rapport sur l'Exploitation des Étangs dans le département de la Meurthe*, par M. *Masson* (2);

Rapport sur la Flore de Lorraine de M. le Docteur *Godron*, par M. *Soyer-Willemet* (3);

Rapport sur le Niveaugraphe de M. Laurent, Géomètre à Nancy, par M. *Jaquiné*, Ingénieur en chef du département (4).

Un Rapport vous a été présenté par M. *Louis Collenot*, sur un nouveau ciment romain de Châtillon, qui avait été essayé chez M. *Turck*, à Sainte-Geneviève (5). Le temps est venu con-

(1) *Bon Cultivateur*, année 1843, p. 360, 365 et 516. — (2) *Idem*, p. 287. — (3) *Idem*, p. 302. — (4) *Idem*, p. 304. — (5) *Idem*, p. 368.

firmer les résultats avantageux obtenus au moment même de l'expérience ; et, si l'on connaissait mieux le ciment de Châtillon, il est probable que son usage ne manquerait pas de se répandre bientôt généralement dans le pays.

M. *Thomas*, Président de la Commission d'Œnologie, vous a communiqué aussi les observations les plus intéressantes sur la fabrication des vins en général et sur quelques plants de vignes, comparés à ceux du pays (1). A cette occasion, vous ne devez pas oublier non plus, Messieurs, que notre honorable collègue, M. *Besval*, a fait de son côté des expériences très-utiles, d'où il résulte que les raisins égrappés et chauffés donnent, dans les mauvaises années comme 1843, un vin très-potable peu de temps après sa fabrication, ce qui est avantageux, à la fois, pour le producteur et le consommateur (2).

M. *de Malglaive* vous a adressé un Mémoire sur l'emploi des marrons d'Inde, pour la nourriture du bétail (3).

Vous avez publié un Mémoire de M. *Villiaumé*, de Belair, en réponse aux questions de la Société Royale sur les cultures en lignes (4). Les connaissances pratiques de l'auteur percent dans toute l'étendue de ce Rapport, où l'on trouvera sur les semailles en lignes tous les renseignements désirables.

M. *François Gherardi-Dragomanni*, votre correspondant, vous a envoyé les années 1841 et 42 des rapports et de la correspondance de l'*Académie de la vallée du Tibre*. C'est ici le lieu d'adresser des remercîments aux Sociétés qui veulent bien ainsi faire avec vous un échange de lumières et de connaissances ; si les frais d'impression de votre Journal se trouvent pour cela même augmentés, vous ne pouvez

---

(1) *Bon Cultivateur*, année 1843, p. 371. — (2) *Idem*, p. 536. — (3) *Idem*, p. 379 — (4) *Idem*, p. 398.

vous en plaindre cependant, car c'est une des dépenses les mieux employées.

Dans le second semestre de ses travaux ; la Société a reçu les communications suivantes :

Un article *Sur la vaine pâture et sur les biens ruraux*, par M. *de la Chauvinière ;*

Considérations sur les mœurs agricoles et le bonheur de la vie champêtre, suivies d'un traité et d'un modèle de comptabilité pour les cultivateurs, par M. *A. Gaspard*, Vice-Président du Comice agricole de Mirecourt ;

Un *Rapport sur la castration des vaches* et son influence sur la sécrétion du lait et sur l'engraissement, par M. *Riss*, correspondant, artiste-vétérinaire en premier au 1er régiment de hussards (1).

Ce Mémoire, fait au nom d'une Commission spéciale, est du plus grand intérêt pour nos cultivateurs ; car les résultats des expériences faites chez MM. *Besval* et *Chenut*, de Nancy, se constatent encore aujourd'hui. Toutes les questions qui se rattachent aux bêtes bovines, quoique l'objet de vives discussions depuis quelque temps, ne sont pas examinées assez sérieusement encore par nos cultivateurs ; mais, s'ils lisent avec attention le Rapport de M. *Riss*, ils se décideront peut-être à tenter des expériences dont la science ne pourra que profiter.

Un Rapport de M. *Regneault* et une Note de M. *Martin* vous ont fait connaître les nouveaux changements apportés dans la construction de deux instruments dont vous aviez déjà été entretenus précédemment (2). L'arracheur et le planteur de M. *Turck* marchent aujourd'hui d'une manière parfaite, depuis les importantes modifications qu'il leur a fait subir; et

---

(1) *Bon Cultivateur*, année 1843, p. 466. — (2) *Idem*, p. 481.

ceux de nos cultivateurs qui désireraient en faire usage les trouveront dans les ateliers de MM. *de Meixmoron-Dombasle* et *Noël*, rue de la Prairie, à Nancy.

Le *Bon Cultivateur* a aussi publié une notice sur les porcs de la race anglaise de Hampshire, élevés à la Tour-Audry (Ardennes), par M. *Louis Gossin*, Associé libre (1). Vous ne pouvez trop remercier l'auteur, pour les curieuses observations qu'il vous a communiquées, et vous devez regretter que M. *Daurier,* le véritable propagateur de la race anglo-chinoise dans nos contrées, ne vous ait pas encore adressé quelques-unes des utiles remarques qu'il a faites, depuis plusieurs années, et qu'il serait si utile à nos cultivateurs de connaître, pour qu'ils pussent se guider plus sûrement dans leurs tentatives d'améliorations.

Dans sa Séance du 7 mars, la Société a reçu de M. le Ministre de l'Agriculture les publications que font paraître annuellement MM. les Inspecteurs sous le nom d'*Agriculture française,* ainsi que la 7e livraison des *Règlements forestiers.*

M. *Bella,* directeur de l'Institut royal de Grignon, vous a adressé sur les engrais un Mémoire actuellement soumis à l'examen d'une Commission spéciale.

Tout récemment M. *Monnier* vous a adressé, 1° un article sur l'estimation du prix de vente des animaux domestiques (2); 2° quelques observations sur le phénomène de l'alternance (3); 3° un certain nombre de maximes des anciens agronomes, tels que *Pline*, *Varron* et *Columelle* (4).

Vous avez reçu, enfin, communication d'un Rapport fait à la Société d'Agriculture de la Marne par M. le comte *Léonce de Lambertye*, et un Mémoire *sur la composition élémentaire*

---

(1) *Bon Cultivateur*, année 1844, p. 57. — (2) *Idem*, p. 53. — (3) *Idem*, p. 115. — (4) *Idem*, p. 122.

des différents bois, et sur le rendement annuel d'un hectare de forêt, par M. *Eugène Chevandier*.

La Société de Toul, comme les années précédentes, vous a communiqué le résultat de ses Travaux. Vous avez vu avec plaisir combien M. le docteur *Vigneron* met d'activité et de zèle à remplir la tâche difficile dont il s'est chargé (1). Outre le discours de M. le Président, vous avez reçu le Compte rendu de M. *Dessez* (2). Le Comice agricole de Toul a senti, de même que la Société centrale, la nécessité de transporter les Concours sur les différents points de l'arrondissement, et l'affluence des concurrents et des étrangers à la dernière Réunion montre combien une institution de ce genre bien comprise peut stimuler le zèle de nos cultivateurs.

La Société d'agriculture de l'arrondissement de Château-Salins, dont les utiles travaux vous ont déjà été communiqués à diverses reprises, vient, en dernier lieu, de vous adresser deux rapports, suivis de la liste des récompenses accordées à la dernière distribution des prix. M. le docteur *Guillaume de Schacken*, comme Secrétaire de la Commission chargée des visites de fermes, rend compte des différentes explorations qui ont été faites dans l'arrondissement, et montre que le progrès y est bien marqué de même que dans le reste du pays (3). Le rapporteur appuie, et avec raison, sur la nécessité de mieux entretenir le bétail qu'on ne le fait généralement, soit sous le rapport de la propreté, soit sous le rapport de la nourriture. Il se récrie surtout contre la méthode, suivie dans beaucoup de fermes encore, d'envoyer les animaux en pâture pendant la plus grande partie de l'année, et de gâter ainsi les prés en nourrissant mal et en ne faisant

(1) *Bon Cultivateur*, année 1843, p. 417. — (2) *Idem*, p. 426. — (3) *Idem*, année 1844, p. 100.

pas d'engrais. A ces observations fort judicieuses, nous nous permettons d'en ajouter une autre, qui a dû attirer l'attention de la Commission des Concurrents, lors de sa visite à La Netz : c'est le mauvais état, ou plutôt l'état pitoyable des chemins vicinaux, dans un bon nombre de communes. Nous pouvons citer Marthil, par exemple, qui nous donnera une idée des améliorations restant à faire sous ce rapport. Au 1er avril, cette commune était tout à fait inabordable, et cependant des pierres étaient là, sur le chemin, depuis plus de six mois, sans qu'on eût songé à leur donner l'emploi convenable. Il y aurait à cette occasion bien des choses à dire ; mais elles ne peuvent trouver place que dans notre rapport particulier sur la ferme de La Netz.

M. *Pâté,* sur lequel nous aurons bientôt à revenir, et dont le mérite agricole n'est ignoré d'aucun de vous, Messieurs, a payé son tribut à la Société de Château-Salins par son Rapport sur la ferme de M. le baron *de Vincent* (1), que nous avons bien regretté de ne pouvoir visiter dans notre dernière tournée ; espérons que l'année prochaine nous serons plus heureux. En attendant, la Société centrale ne peut que s'adjoindre au Comice de Château-Salins pour remercier M. le baron *de Vincent* pour tout le zèle et la persévérance qu'il apporte dans ses entreprises d'améliorations agricoles.

Le Comice agricole de Pont-à-Mousson vous a fait parvenir, avec la même exactitude que par le passé, le Compte rendu de ses travaux, et vous devez, à cet égard, les plus grands remercîments à M. *Viard,* son Vice-Président (2). C'est avec bien du plaisir aussi que votre Société a vu les travaux du Comice suivre une marche que vous avez adoptée vous-même

---

(1) *Bon Cultivateur*, année 1844, p. 106. — (2) *Idem*, année 1843, p. 224.

depuis peu. Les excursions agricoles, dans les environs de Pont-à-Mousson, sont nombreuses et renouvelées aussi souvent que possible dans la même exploitation. Les fermes arriérées sont visitées de même que celles qui entrent en lice pour obtenir les prix de la lutte; et les communications qui s'établissent ainsi entre le Comice et les cultivateurs, sont nécessairement appelées à les éclairer tous sur leurs véritables intérêts, mais sont surtout propres à amener, dans chaque ferme, les modifications sur lesquelles l'expérience n'a plus à décider.

Malheureusement, Messieurs, comme nous avons déjà eu l'honneur de vous le dire, la Société d'Agriculture de Nancy ne peut donner à ses *Excursions agricoles* toute l'extension désirable; cependant, si ses moyens d'action sont faibles, elle les emploie tous, et, depuis la publication du dernier Précis des travaux de la Société, la Commission des Concurrents a visité un bon nombre d'exploitations, sur la direction desquelles il est du plus haut intérêt, pour le public agricole, d'être éclairé. Cette décision de la Société, relative aux excursions, a été en grande partie provoquée par la demande de MM. *Besval* et *Henriet*, les deux infatigables de la Commission; mais c'est grâce à notre savant Secrétaire, qui a donné une direction si utile aux travaux de la Société, que la Commission doit d'avoir pu réaliser ses projets. Notre sentiment, Messieurs, est unanime sur ce point: malgré le dévouement, et je dirai même plus, le désintéressement d'un grand nombre d'entre vous, nos travaux seraient, depuis longtemps déjà, peut-être, frappés d'inertie, si la main active de M. *Soyer-Willemet* ne donnait pas l'impulsion nécessaire aux rouages de notre belle institution. Un vœu bien modeste a déjà été émis. Ce n'est pas seulement la Société qui le forme, c'est aussi le pays tout entier qui sollicite le Gouvernement de récompenser enfin des travaux sans éclat peut-être, mais dont l'influence active se fait sentir dans la Meurthe depuis bientôt vingt ans. La présence d'un homme dont je suis heureux de rappeler le mérite au nom de la Société, m'empêche d'aller plus loin, Messieurs ; car son estime m'est trop précieuse, et je dois songer que la modestie rejette souvent, en ce qui la concerne, la vérité.

Le premier des Rapports que vous a communiqués la Commission des Concurrents, a pour objet la ferme de St.-Charles (1). Comme vous avez pu le remarquer, le Rapporteur n'a pas craint de surcharger son travail de détails qui paraîtront bien peu utiles et même fastidieux au point de vue littéraire ; mais la Commission a cru devoir, avant tout, songer aux gens de l'art, qui consultent surtout les détails pratiques. Le second concerne la ferme de M. *Marc*, de Villers. Il vient de paraître seulement (2), quoique la visite ait été faite dans le mois d'août, et on pourrait supposer la même négligence de la part du Secrétaire de la Commission pour les Rapports qui doivent suivre sur les fermes de MM. *Gauché-Chaumont, Brice* et *Pâté;* mais le public ne tardera pas à les avoir sous les yeux. En attendant, nous ne devons pas oublier de vous dire, Messieurs, que vos éloges et votre approbation sont bien mérités par les honorables collègues que nous venons de nommer.

M. *Brice*, de Champigneules, chez qui nous avons fait notre troisième excursion agricole, nous a montré une de ces améliorations sur lesquelles l'avenir surtout aura à statuer, mais que l'on peut déjà apprécier en ce moment. Un terrain de 40 hectares, marécageux ou complétement couvert d'eau, forme aujourd'hui une des meilleures prairies du département ;

(1) *Bon Cultivateur*, année 1843, p. 332. -- (2) *Idem*, année 1844, p. 7.

et Mme *de Sommariva* loue ainsi 1,800 francs ce qui ne lui en rapportait pas 200. S'il est de première importance d'améliorer les terres actuellement en culture, il est indispensable de songer à celles qui, d'abord sans valeur aucune, sont encore contraires à la salubrité publique.

Une autre cause qui, avec les tournées agricoles, aura, sans aucun doute, le plus de part aux progrès de notre Agriculture, c'est la fondation des *Conférences agricoles,* idée heureuse que l'on doit, comme tant d'autres, à M. *Turck,* et qui est appelée à produire au milieu de nous les résultats les plus féconds (1).

Déjà les cultivateurs assistent en plus grand nombre aux réunions, parce qu'elles ont pour eux un véritable intérêt qui n'existait pas précédemment. Les Conférences ont lieu le troisième jeudi de chaque mois, et, quoique toutes les Sections puissent y venir, les trois premières seules sont convoquées. L'ordre du jour est toujours fixé dans la Séance précédente. On s'occupe d'une manière toute spéciale de ce qui se rattache le plus directement à l'agriculture, et déjà la question du bétail, envisagée, soit sous le rapport de l'amélioration des races, soit en ce qui concerne le droit d'octroi, ont été mûrement examinées dans les trois premières Conférences. La Société attirera ainsi les véritables praticiens à ses réunions; et leurs observations, corroborées par la science, ne manqueront pas d'éclairer bien des questions obscures de l'époque.

L'importance d'une diminution d'impôt sur le sel, comme moyen très-avantageux de favoriser l'engraissement du bétail, a été le principal objet des discussions dans les dernières conférences.

---

(1) *Bon Cultivateur*, année 1844, p. 6.

En Angleterre et en Allemagne on donne du sel à toute espèce de bétail ; et, si tous les animaux, même ceux d'une espèce analogue et soumis au même régime, ne le recherchent pas au même degré, la plupart néanmoins le prennent avec avidité, et semblent bien s'en trouver. Sans doute que le genre de nourriture de l'animal, son organisation, le climat, influent beaucoup sur l'action plus ou moins grande du sel ; il semble même reconnu, par les expériences de M. *Turck*, qui, du reste, n'ont fait que confirmer l'explication théorique, que le sel, comme excitant, ne doit pas être une chose habituelle. Il ne faudrait donc pas peut-être le mélanger aux aliments, mais laisser au bétail la liberté de le prendre lorsque le besoin s'en fait sentir. Afin d'éclairer le public sur cette question importante, la conférence agricole a prié M. *Fawtier,* ancien professeur à Roville et maître de poste à Velaine, de résumer, dans un rapport qu'il présentera à votre Société, toutes les observations recueillies jusqu'à cette époque, en France et à l'étranger, sur l'usage du sel pour le bétail. Ce rapport sera ensuite adressé au Conseil général, lors de sa prochaine réunion, avec prière de faire connaître au Gouvernement le vœu de la Société.

D'ici-là, on ne peut qu'engager les cultivateurs de la Meurthe à faire le plus d'expériences possibles, non plus pour reconnaître la nécessité de l'usage du sel, mais pour déterminer, d'une manière exacte, le mode d'emploi ainsi que la quantité qu'il est le plus avantageux de donner à chaque espèce de bétail ; car, si le manque absolu de stimulant est un défaut, une dose trop forte devient inutile, sinon nuisible. C'est parce qu'on n'était pas suffisamment éclairé, lors des premières démarches que l'on a faites près du Gouvernement, qu'elles ont été sans résultats ; mais, si le pays est une fois bien convaincu de la justesse de sa demande, l'administration supérieure ne manquera pas d'y avoir égard, et les Chambres reviendront sans doute sur leur première décision.

Au milieu de vos travaux purement agricoles, une question importante d'art vétérinaire est venue réclamer toute votre attention, et c'est à cette occasion que M. *Moutonnet* est devenu votre correspondant (1). Cet habile artiste a inventé un nouveau traitement pour la morve chronique; et une Commission composée de MM. *Charles Mandel, Turck*, *Besval* et *Henriet,* a été chargée par vous de suivre l'application de ce moyen curatif sur plusieurs chevaux du 1er régiment de Hussards, en garnison à Nancy. Plusieurs Rapports vous ont été faits sur chaque période nouvelle de cette maladie, et la Commission est arrivée à conclure que l'on devait souhaiter, dans l'intérêt général autant que dans celui de la science, que le traitement de M. *Moutonnet* fût bientôt mieux connu et plus généralement employé. Ce serait au Gouvernement d'empêcher, par une juste récompense, que cette découverte ne devînt l'objet d'un monopole nuisible à l'Agriculture. La Société, toutefois, a témoigné toute sa reconnaissance à M. *Moutonnet*, pour l'empressement qu'il a mis à l'éclairer sur une des question des plus controversées, quoique, cependant, des plus utiles à l'art. Si, pour chaque découverte nouvelle, on s'appuyait ainsi sur l'expérience, vérifiée par des hommes compétents et avides de connaître le vrai, l'esprit de nos cultivateurs serait loin de traiter d'utopie toutes les innovations, et bientôt on les verrait tous dans le chemin du progrès; mais, malheureusement, l'Agriculture est souvent tombée dans le domaine du charlatanisme, comme bien d'autres branches d'industrie ou de commerce. Elle a été pour beaucoup un but de spéculation, parce qu'on comptait trop,

(1) *Bon Cultivateur*, année 1843, p. 310.

sans doute, sur la crédulité du laboureur, et, aujourd'hui, c'est avec peine si on parvient à le convaincre avec les faits en main. Les publications périodiques et les autres ouvrages d'Agriculture sont peu lus, parce qu'à côté d'une chose utile se trouve trop souvent l'erreur; et, tant que l'on ne sera pas de bonne foi avec l'homme de la terre, tant qu'il aura lieu de croire qu'on peut le tromper, on n'obtiendra pas cette confiance que réclame cependant l'intérêt de l'art.

Dans le moment même où le restaurateur de l'Agriculture française payait à la terre son dernier tribut, Paris réunissait dans son sein l'élite des agriculteurs français. Une grande et noble pensée avait pu seule songer à la réalisation de ce *Congrès agricole*, qui, sans résultats positifs jusqu'à ce jour, peut amener dans la suite les conséquences les plus fécondes. Le congrès agricole de France a été vu avec joie par les étrangers, aussi bien que par les cultivateurs français; mais, pour qu'il soit utile et durable, il demande dans son organisation le concours et l'appui des premières autorités.

Prévenue trop tard, la Société a regretté de ne pouvoir envoyer un de ses membres à Paris, pour la représenter et y porter ses observations. Elle a cru devoir, néanmoins, indiquer au congrès les points qui lui ont paru les plus importants à examiner et sur lesquels elle a appelé son attention. La Société a fait figurer en première ligne, 1° les réclamations à adresser au Gouvernement, contre l'abaissement du tarif à l'importation des laines étrangères; 2° le maintien du tarif pour l'importation des animaux du dehors; 3° la nécessité de s'occuper d'un projet de loi sur les irrigations, nécessité d'autant mieux comprise, que nous avons à notre porte les Vosges et l'Alsace, où l'eau est une des sources principales de richesse, non pas seulement industrielle, mais agricole; 4° la nécessité d'abaisser les droits sur la consommation du sel, eu égard à l'importance de cette denrée en agriculture; 5° l'utilité d'astreindre tous les aides ruraux à être porteurs d'un livret.

Quoiqu'un Rapport particulier doive vous être fait, dans cette Séance même, sur l'Exposition admirable que nous avons sous les yeux, je ne terminerai pas cependant sans vous dire quelques mots de notre seconde spécialité, l'*Horticulture*. Comme une des quatre divisions principales de l'art de la culture, elle se lie, dans bien des cas, à l'Agriculture, dont elle est toujours la sœur et quelquefois l'appui. Si ces deux branches de connaissances, qui semblent si éloignées dans leurs résultats, puisque l'une est toute de luxe, tandis que l'autre est la pierre de touche à laquelle se rattache l'existence entière de la société, ne réclament pas la même attention du cultivateur, toutes deux doivent avoir à ses yeux une haute importance; cependant la partie horticole qui concerne le jardinage surtout, est, sans contredit, beaucoup trop négligée de nos cultivateurs. Qu'au milieu des champs, et continuellement entourés de cette belle nature qui forme un des premiers agréments de leur art, nos cultivateurs n'attachent pas, comme à la ville, une haute importance à la possession d'une serre ou d'une collection de camellias, on le conçoit aisément; mais ce que l'on ne comprend pas, c'est qu'ils négligent, dans leur position isolée, de se procurer toutes les douceurs qu'un peu plus de soins leur donnerait si aisément. Dans une ferme, le jardin potager pourrait être d'autant mieux soigné, qu'on a de l'engrais en abondance; mais souvent même il n'existe pas ou il est presque abandonné.

L'Horticulture, Messieurs, a orné de toutes ses richesses l'Exposition d'automne, comme celle de ce jour, et on peut la regarder avec raison comme marchant dans la plus belle voie de prospérité. Ce succès est dû en grande partie au zèle des Membres de votre Section horticole, et c'est à eux aussi que l'on doit de voir Nancy partager l'enthousiasme des autres villes pour cette branche si intéressante de la culture.

La Société, d'après un Rapport de M. le commandant *Boulangé,* Président de la Commission des pépinières et arbres fruitiers, vient d'augmenter encore le nombre de ses récompenses, en décidant qu'il serait ouvert, en 1844, un concours pour la bonne tenue des pépinières (1). Deux médailles, l'une en argent et l'autre en bronze, seront décernées, et la préférence sera accordée à ceux qui, à mérite égal, cultiveront non-seulement les pépinières les plus étendues, mais tiendront encore les registres les plus réguliers de leurs plantations.

L'année dernière nos horticulteurs s'étaient déjà occupés d'une nouvelle pomme de terre dite du Chili ou des Cordilières. Vous avez pu, cette année, apprécier ce produit nouveau par le Rapport de M. *Monnier*, Secrétaire-adjoint de la Société (2). Notre honorable Collègue l'envisage comme utile surtout pour favoriser des semis nouveaux. Le même auteur a aussi communiqué à la Société l'extrait de numéros insérés dans l'*Amico del Contadino,* journal italien rédigé par notre correspondant M. le comte *Gérard Freschi* (3). Quoique l'agriculture de l'Italie diffère essentiellement de la nôtre, nous pouvons néanmoins y puiser d'utiles renseignements, et ceux que M. *Monnier* vous a communiqués ont été entendus avec le plus grand intérêt par la Société. Le travail de votre honorable Secrétaire-adjoint ne s'est pas arrêté là. Il vous a encore transmis des observations très-intéressantes sur le genre courge (*Cucurbita*); et on a pu facilement reconnaître, par la lecture

---

(1) *Bon Cultivateur*, année 1844, p. 5 et 65. — (2) *Idem*, année 1843, p. 486. — (3) *Idem*, p. 528.

de ce mémoire, que nous ne devons pas toujours négliger de porter notre attention sur les choses qui sembleraient devoir le moins l'attirer (1).

M. *Millot*, toujours à la tête des progrès horticoles dans notre ville, vous a fait connaître le moyen de garantir des gelées tardives, les arbres d'espalier (2); il vous a aussi adressé une notice sur la poire Lammas (3), et de nouvelles observations sur les greffes en couronne et en fente (4), appuyées des renseignements qu'il avait tirés de la Pomone française, un des meilleurs guides que l'on puisse recommander pour les soins à donner aux arbres fruitiers.

M. *Besval* vous a communiqué ses recherches sur la variété d'artichaut violet qu'il a introduite dans sa culture jardinière (5); M. *Ernest de Lépinau* vous a adressé un important article sur la patate douce (6), et M. *de Taillasson*, une notice fort intéressante sur les achimènes (7).

M. *Fleury*, Associé libre, vous a fait, sur l'Exposition automnale, un Rapport qui figure dans les cahiers du *Bon Cultivateur*, et nous ne pouvons qu'y renvoyer dans l'intérêt des producteurs (8). Les idées du Rapporteur sont trop belles et trop bien exprimées pour que nous nous hasardions à les reproduire dans un résumé. Dans la dernière Exposition, vous avez vu, comme par le passé, figurer avec honneur MM. *Simon-Louis* frères, de Metz. Quoique vous leur ayez décerné les récompenses que comportait votre Programme, la Société leur doit encore des remercîments pour l'empressement qu'ils mettent à enrichir nos Expositions, malgré la distance à laquelle ils se trouvent.

---

(1) *Bon Cultivateur*, année 1844, p. 37.—(2) *Idem*, année 1843, p. 391.—(3) *Idem*, p. 393.—(4) *Idem*, p 553.—(5) *Idem*, p. 386. —(6) *Idem*, p. 381.—(7) *Idem*, p. 395.—(8) *Idem*, p. 443.

Le dernier Festival de Gand ne pouvait manquer d'attirer l'attention de notre Section d'horticulture. MM. *de Taillasson* et *de Lépinau*, qui la représentaient à cette brillante solennité, ont dû laisser à leurs Collègues, par le compte qu'ils en ont rendu (1), le vif regret de ne point y avoir assisté.

Le Rapport fait sur les serres de Nancy par M. *de Schacken*, et accompagné d'un appendice par M. *de Taillasson* (2), vous indique aussi, Messieurs, tout ce qu'offre de véritablement beau Nancy sous le rapport horticole; et, quoique MM. les Rapporteurs aient déjà rendu justice à tous ceux qui donnent aux végétaux étrangers à notre climat des soins si intelligents et si prolongés, la Société ne doit pas oublier de leur exprimer toute sa reconnaissance pour leurs remarquables produits, dont l'Exposition de ce jour vous offre d'ailleurs un échantillon.

Bien que le zèle de nos horticulteurs soit une des causes principales des progrès qu'ont faits l'art du jardinier et celui du fleuriste, on doit bien reconnaître aussi que l'organisation particulière de la Section est un des motifs qui ont le plus puissamment contribué aux succès qu'elle a obtenus. Nancy possède dans son sein un grand nombre de pomologistes et de fleuristes zélés qui manquent rarement aux réunions; tandis qu'il a été loin jusqu'à présent d'en être ainsi pour l'agriculture. On comprendra donc par là la haute utilité que doivent avoir pour nous les Conférences agricoles.

Ici, Messieurs, se termine la tâche dont je me suis chargé comme Rapporteur des Travaux de l'année. Redire une fois de plus la formule générale qui termine un Précis annuel, serait pour tous aussi ennuyeux qu'inutile. Afin de ne pas

---

(1) *Bon Cultivateur*, année 1844, p. 124. — (2) *Idem*, p. 133.

abuser de vos moments, je me hâterai donc de finir mon travail en vous faisant connaître succinctement le résultat des Concours de 1844, me réservant de vous en parler d'une manière plus détaillée dans des Rapports spéciaux.

Quant aux *Importations* qui ont eu lieu pendant l'année qui vient de s'écouler, elles seront bientôt l'objet d'un Rapport spécial de la part de M. le Secrétaire, et je me contenterai de dire ici que, sauf quelques pertes indépendantes des volontés de la Société, l'introduction d'étalons étrangers, pour la reproduction des différentes races d'animaux, a été généralement avantageuse à l'agriculture du pays. On ne doit pas se le dissimuler, néanmoins, et on ne peut trop le répéter à nos cultivateurs : il faut créer de la nourriture et des habitations convenables avant de songer aux croisements, et c'est seulement alors que les modifications à apporter dans la conformation des races sont à la fois possibles ou avantageuses.

Concours de 1844.

Prime pour la bonne tenue des exploitations rurales.

Votre Commission des Concurrents regrette, Messieurs, que nos cultivateurs continuent à mettre si peu d'empressement à se présenter pour un prix qu'il est de l'honneur, comme de l'intérêt de tous cependant, d'obtenir. Si le nombre des exploitations que nous avons visitées est peu considérable, eu égard à notre position agricole, en revanche nous aurons beaucoup à vous dire de chacune d'elles dans les Rapports particuliers que nous préparons en ce moment. La marche des opérations est trop lente en agriculture pour que les fermes de MM. *Gauché-Chaumont, Marc* et *Pâté* soient déjà ce qu'on a le droit d'en attendre pour l'avenir; mais on peut dès aujourd'hui les donner comme modèles à ceux de nos cultivateurs qui croient faire ce qu'il y a de mieux en persévérant dans le sentier ruineux de la routine. M. *Louis*, qui a obtenu le second prix en 1843, continue toujours à suivre, dans son système de culture, pour sa marcairerie et son troupeau, la conduite la mieux raisonnée et la plus profitable ; mais la Commission attend plus encore de lui avant de vous proposer un nouvel encouragement. Parmi les trois premiers concurrents, Messieurs, la Société, d'après la proposition de sa Commission, a cru devoir accorder le second prix, consistant en une médaille d'or de 50 fr., à M. *Marc*, pour les améliorations importantes dont il vous a été parlé dans le Rapport spécial déjà inséré dans le *Bon Cultivateur*. Quant à M. *Pâté*, de La Netz, la Commission regrette que l'ensemble de l'exploitation qu'il dirige n'ait pas été aussi satisfaisant qu'on aurait pu le désirer, par suite de causes qui lui sont complétement étrangères et qui ne peuvent diminuer en rien son mérite ; mais elle ne pouvait oublier, d'un autre côté, les services importants que M. *Pâté* a rendus à l'agriculture de son arrondissement, en propageant, par ses exemples et ses conseils, les bonnes méthodes et l'emploi des instruments perfectionnés. Entouré d'obstacles que sa délicatesse l'empêche de chercher à vaincre, M. *Pâté* a obtenu les plus beaux résultats toutes les fois qu'il a été libre dans ses opérations agricoles. Le plus grand ordre règne partout où il surveille lui-même, et un respect filial comme on en recontre rarement, peut seul lui faire suivre encore quelques-uns des anciens errements. En présence de faits aussi honorables, la Société a cru devoir accorder à M. *Pâté*, en dehors de ses programmes, une médaille en or de 50 fr., afin de lui témoigner toute sa sympathie pour une conduite d'autant plus digne d'éloges qu'elle est très-difficile.

M. *Gauché-Chaumont*, Messieurs, a bien mérité aussi aux yeux de votre Commission : elle s'est plu à reconnaître dans ce jeune agronome, ancien élève de Roville, les qualités brillantes qui doivent en faire dans la suite un de nos premiers agriculteurs ; mais il ne fait que paraître sur la scène agricole, et, tout en louant le mérite de M. *Gauché-Chaumont*, ainsi que les dispositions agricoles qu'il a faites pour ses cultures, la Société n'a pu encore lui accorder de récompense. La Commission, ayant pris connaissance de l'état des choses lors de l'entrée en ferme, n'en sera que mieux à même d'apprécier dans la suite les améliorations qu'aura faites M. *Gauché-Chaumont*.

Prix pour la construction des étables.

M. *Louis* seul s'était mis sur les rangs; mais le second prix lui ayant déjà été accordé dans le Concours dernier, et aucune amélioration importante ne lui donnant droit au premier, la Société remet au Concours ces deux mêmes prix pour 1845.

Prix pour la multiplication des bêtes bovines.

Comme pour les autres années, la marcairerie de Tomblaine est celle qui s'est encore distinguée par la beauté des animaux et la propreté des étables. Aussi, la Société, d'après le Rapport de sa Commission, n'a-t-elle pas hésité à accorder le premier prix de 100 fr. à M. *Louis,* et a remis au Concours, pour l'année prochaine, le second prix de 50 fr., qui n'a pas été mérité.

Prix pour la construction des fosses à purin.

L'année dernière, Messieurs, d'après la proposition de M. *Duroselle,* la Société a mis au concours deux prix, l'un de 60 francs et l'autre de 40, destinés aux deux cultivateurs qui auraient le mieux compris l'importance du purin, en faisant construire des fosses exprès pour le recueillir. On renouvelait ainsi une tentative faite déjà précédemment par la Société, mais d'une manière infructueuse. L'habitude de ne donner aucun soin aux fumiers est telle, chez un grand nombre de nos cultivateurs, que beaucoup perdent, encore aujourd'hui, l'engrais le plus riche et le plus facile à utiliser pour certaines plantes. Espérons que les récompenses proposées par la Société ne seront pas cette fois sans résultats, et que, l'an prochain, on verra un grand nombre de concurrents entrer en lice. Qu'ils ne supposent pas, comme ceci leur est arrivé quelquefois, que la Société demande du luxe, et par conséquent des dépenses considérables. Loin de là : elle tient compte de l'économie autant que des résultats, et le petit cultivateur, eu égard aux circonstances dans lesquelles il se trouve, a souvent plus de mérite aux yeux de la Commission, que le chef d'une grande entreprise, qu'une faible dépense ne peut arrêter dans ses projets. Les prix de la Société ne sont pas précisément utiles à ceux de nos cultivateurs qui, comprenant l'avantage qu'il y a de changer leur mode de culture, sont récompensés par leurs propres bénéfices ; ceux-là n'auraient plus besoin d'être encouragés dans la bonne direction qu'ils ont donnée à leurs travaux, et ce sont les améliorations nouvelles, les perfectionnements qui commencent, que la Société doit prendre à tâche de soutenir, d'éclairer et d'encourager. La publicité indispensable que l'on donne aux excursions agricoles est peut-être aussi une raison qui empêche quelques-uns de nos cultivateurs de nous appeler à les visiter ; mais ils devraient consulter avant tout l'intérêt général pour lequel ils travaillent, et ils comprendraient que leurs indications et leurs résultats sont des renseignements dont chacun profite. Si parfois l'amour-propre est un peu blessé, il trouve aussi à se dédommager, et il est indispensable, pour qu'une chose devienne utile en cas semblable, qu'elle soit l'expression de la vérité.

D'après le Rapport de la Commission, les prix fondés pour la construction des fosses à purin et l'emploi de ce liquide comme engrais, sont accordés, cette année, le premier à M. *Louis*, de Tomblaine, et le second à M. *Gauché-Chaumont*. La routine doit croire la pratique, et nous sommes persuadés que, tous ceux de nos cultivateurs qui voudront bien consulter les deux lauréats que couronne la Société, ne manqueront pas de faire construire immédiatement des fosses à purin.

Concours de Charrues et essais d'Instruments perfectionnés.

La *Réunion agricole* de 1844 a dépassé encore, par ses résultats, celle de l'année précédente. Agincourt avait réuni l'élite des cultivateurs de la Seille et des environs de Nancy; mais, à Gérardcourt, nous avons eu tous les agriculteurs du Vermois, ce pays dont la richesse était proverbiale déjà du temps des Princes lorrains. Vingt-deux charrues sont entrées en lice, et se sont disputé pendant deux heures les palmes d'un combat difficile, qui, aux yeux de tous, augmente tous les jours d'intérêt. M. *Collin*, cultivateur à Gérardcourt, a rendu un véritable service à la Société d'Agriculture et au pays au milieu duquel il cultive, en offrant sa ferme comme champ de lutte. La plus belle et la plus riche contrée se déroulait sous les yeux des nombreux spectateurs du Concours, et plus d'un, nous en sommes convaincus, s'en est retourné rempli d'admiration pour cet art qui répand le calme et la sérénité dans l'esprit, en l'entourant sans cesse de tableaux plus variés et plus intéressants. La culture, en effet, ne s'améliore pas seulement par les procédés nouveaux qu'elle admet; mais encore par l'introduction de plantes nouvelles, qui apportent l'abondance dans le sol et le rendent ainsi sans cesse productif. Qui d'entre vous, Messieurs, n'a pas admiré, en effet, ces belles prairies artificielles que, depuis le champ du Concours, on apercevait de toutes parts dans le Vermois ? La cause se trouvait ainsi à côté de l'effet ; car les attelages de nos cultivateurs étaient, pour le plus grand nombre, admirables par leur embonpoint, sinon leur force. Quelle différence, Messieurs, de ce qu'on voyait il y a vingt ans, et de ce que l'on retrouve malheureusement encore sur quelques points du département ! A Gérardcourt, malgré la ténacité du sol et la difficulté du labour, aucune charrue n'était attelée de plus de quatre chevaux ; et, s'ils n'étaient pas tous de belle taille, on retrouvait en eux cette vigueur de la race lorraine, qui a fait l'étonnement de nos armées dans les campagnes les plus pénibles. La diminution dans le tirage, autant que l'augmentation dans la force des chevaux, a concouru à ce résultat économique, sans lequel le cultivateur ne pourrait supporter les canons énormes auxquels il est assujetti.

Le Concours de 1844 a constaté un fait bien connu déjà, mais que ne veulent pas encore admettre tous nos cultivateurs : c'est la supériorité des charrues-*Dombasle* sur celles du pays ; quoique inférieures en nombre, puisque la proportion était de 9 à 13, les premières ont obtenu néanmoins quatre prix sur six. En général, les labours ont été parfaitement exécutés ; et, si l'on en excepte quatre charrues seulement, qui n'ont pu réunir que 18 points, toutes les autres ont varié entre 20 et 28. Une commission de praticiens a, comme pour les années précédentes, contrôlé les opérations du Jury, avec lequel elle s'est trouvée parfaitement d'accord. Ce n'est donc que justice, Messieurs, de remercier une fois de plus notre honorable correspondant, M. *Rollet;* car tous les ans on reconnaît mieux l'exactitude du procédé qu'il a mis en usage dans vos concours. Ceux-là seuls qui jugent de la valeur des labours d'après leur aspect, peuvent censurer notre mode d'appréciation ; mais supposer que les lauréats d'un concours ont moins de titres pour les années suivantes, c'est faire au Jury un reproche dont il ne doit pas se disculper.

Si chacun a pu admirer la beauté des récoltes et comprendre tout ce que doit avoir de séduisant l'espoir du cultivateur, un grand nombre, sans doute, n'ont pas manqué de s'apitoyer sur le mauvais état des chemins vicinaux, dans une contrée si riche déjà, mais qui a encore devant elle un si bel avenir. Les communes et les cultivateurs, secondés par l'administration, ne comprendront-ils donc jamais quelles pertes ils éprouvent, s'ils n'ont des voies de communication à la fois économiques et faciles? De belles écuries et de beaux engrangements sont très-utiles, et bien des propriétaires méritent, sous ce rapport, toute la réprobation de la Société ; mais il faut avec tout cela de bons chemins, si l'on veut achever l'œuvre des perfectionnements. On comprend fort bien la difficulté d'une amélioration immédiate pour certaines communes, nous devons même dire qu'on doit beaucoup aux agents des chemins vicinaux, pour les résultats obtenus déjà depuis une dixaine d'années ; mais, dans bien des localités, on a fait trop peu, si même on a fait quelque chose, pour que la Société, qui doit être la sentinelle avancée des intérêts agricoles, n'appelle pas toute la sollicitude de l'autorité supérieure et l'attention des populations rurales sur un point qui touche de si près à leur prospérité et à la richesse nationale.

Comme les années précédentes, M. *Husson*, d'Haussonville, a amené sur le champ de la Réunion un des plus beaux attelages du pays. Un fâcheux malentendu l'avait isolé du nombre des concurrents, comme ayant déjà obtenu un prix ; mais cette erreur a été réparée sur le champ même du Concours. Le Jury, ayant reconnu que les deux attelages de MM. *Husson* et *Pellet*, de Barbonville, avaient une supériorité marquée sur tous ceux du Concours, excepté celui de M. *de Scitivaux*, déjà couronné précédemment, a été d'avis d'accorder, à chacun d'eux, la médaille d'argent annoncée par le Programme. La médaille des juments a été donnée à M. *Michelet*, de Ville-en-Vermois.

Depuis plusieurs années, M. *Vigneron* avait demandé à la Société de venir essayer, devant le public agricole que réunit notre Concours, un semoir de son invention. La Commission de Mécanique a reconnu, dans ce nouvel instrument, certains avantages que vous fera connaître M. *Turck*. Le Directeur de l'Institut de Sainte-Geneviève, tout en reconnaissant ce qu'a d'ingénieux le mécanisme du semoir-*Vigneron*, regarde, néanmoins, l'instrument comme ayant trop peu de solidité. Mieux construit, il marcherait dans des terres moins meubles qu'il ne l'exige actuellement pour donner un bon travail.

Le dynamomètre-*Martin* et un autre semoir appartenaient à M. le comte *de Lambel*, de Fléville, dont le zèle pour le progrès est connu depuis longtemps de la Société, et à qui l'Agriculture française est redevable d'un grand nombre d'améliorations importantes. Le second de ces instruments, qui a emprunté quelques-unes de ses modifications au semoir-*Dombasle*, ne manquera pas d'être d'un très-grand avantage à l'Agriculture, lorsqu'elle créera plus d'engrais; car, en même temps qu'il sème, il répand, soit les matières pulvérulentes, soit même les engrais liquides. Quant au dynamomètre, d'une construction nouvelle et très-remarquable, il ne peut tarder non plus à être employé plus généralement; car sa précision permettra d'exécuter sans gêne un grand nombre d'expériences jusqu'alors impossibles. Avant de terminer, remerçions donc nos deux collègues, Messieurs, d'avoir ainsi consacré leur temps et leur talent à l'étude ou à la propagation de perfectionnements aussi utiles à l'art. Que leur exemple engage un grand nombre d'autres agronomes à se mettre aussi à la recherche de la simplicité et de l'économie, et bientôt nous verrons l'Agriculture atteindre cette perfection vers la réalisation de laquelle tendent tous nos efforts (1).

Rapport sur le Concours de Bestiaux *du* 12 *Mai* 1844, *par* Le même ; *lu en Séance*, *le* 6 *Juin* 1844.

Messieurs,

Tous les jours on se préoccupe davantage de la question du bétail, parce que tous les jours aussi on comprend mieux qu'à la solution de tout ce qui tient à ce problème, se rattache, pour la France, le commencement d'une nouvelle ère de richesse et de prospérité agricoles. Sous quelque point de vue, en effet, qu'on envisage l'agriculture, on est forcé de reconnaître, sauf de très-rares exceptions, que, cette industrie transformant des produits qu'elle crée elle-même, le bénéfice de l'exploitant doit nécessairement être en proportion de la quantité plus ou moins grande de matière première qu'il se sera procurée. Nos cultivateurs ont donc parfaitement raison, lorsqu'ils disent que l'examen de leur tas de fumier doit donner l'idée la plus exacte du point de perfection auquel ils

---

(1) J'aurais dû parler encore de trois autres Concours: les récompenses aux aides ruraux (garçons de charrue, marcaires et bergers); l'exposition d'instruments d'agriculture et d'horticulture qui accompagne notre séance publique, et le brillant concours de bestiaux qui a eu lieu le matin. M. le Secrétaire, en proclamant la distribution des prix, présentera les résultats des deux premiers ; quant au dernier, il sera l'objet d'un rapport spécial (Voir le Rapport suivant).

sont arrivés. Celui-là, en effet, pourra passer pour bon cultivateur, qui aura su combiner son assolement de manière à créer, relativement à l'étendue de ses terres, la plus grande quantité de nourriture possible pour son bétail. Il est vrai que partout, aujourd'hui, on cherche à remplacer, autant que faire se peut, les engrais ordinaires par des engrais artificiels ; mais le bétail restera toujours la principale et la meilleure source de production sous ce rapport. L'engrais qu'il fournit convient à tous les sols et pour toutes les récoltes. Son effet est d'une longue durée, il exige moins de dépense d'emploi, et les récoltes que l'on cultive pour l'obtenir, préparent encore la terre pour les autres produits. Elles donnent donc à la fois une nourriture et un engrais abondants.

Cette amélioration si importante date de l'introduction, dans la culture, des prairies artificielles et des fourrages-racines; et si, dans quelques cantons, elle a commencé avec ce siècle, dans d'autres, elle n'a que quelques années d'existence. L'effet qu'elle produit n'en est pas moins très marqué, et notre dernier concours est la meilleure preuve que l'on puisse apporter, pour la justification des progrès étonnants que l'on a faits chez nous, dans cette branche si importante de la culture. Bien peu de cultivateurs s'obstinent encore à nourrir leur bétail seulement pour le faire vivre. L'expérience les a convaincus de cette vérité, qu'on ne retire d'un animal que ce qu'on lui donne, et il est assez rare de rencontrer ces attelages misérables, qui, autrefois, couvraient toutes nos routes. Tous aujourd'hui veulent entendre dire que les plus beaux animaux de la commune ou du canton sont dans leurs étables, et l'amour-propre a certainement eu une large part dans les progrès qui se constatent en ce moment dans notre pays. Malheureusement, cette émulation, si avantageuse à l'amélioration de la race chevaline, semble disparaître pour les races bovines, dans certaines parties du département. A côté de beaux chevaux, on trouve des vaches misérables dont on ne retire que quelques litres de lait, même après le vêlage ; mais cela suffit pour les besoins de la maison, et c'est tout ce que l'on demandait.

Les croisements, opérés pour la plupart par les soins de la Société, sont, sans aucun doute aussi, une des causes qui ont le plus puissamment concouru à l'amélioration ; mais, malheureusement, ils n'ont pas toujours été bien calculés par nos cultivateurs : ils ont agi contrairement aux lois rigoureuses de la nature, et ils n'ont obtenu que des produits difformes et ne répondant pas le moins du monde au but qu'ils se proposaient. L'amélioration par croisement n'a pu être assez étudiée encore ; mais elle ne tardera pas à s'éclairer par les nouveaux faits qui se constatènt chaque année, et qui combattent victorieusement, comme nous allons le voir, quelques-unes des opinions erronées admises jusqu'à ce jour.

De tout temps on a été induit en erreur, par cette idée que, pour avoir des animaux forts, il fallait employer, pour la reproduction, des taureaux de grande taille ; et, aujourd'hui encore, bon nombre de cultivateurs se trouvent sous l'influence de ce préjugé. Il n'est pas difficile de s'assurer, cependant, qu'en agissant ainsi, nous nous reportons aux premiers temps des améliorations en Angleterre ; aussi, très-souvent, nous obtenons des produits d'une ossature lourde, et assez larges de derrière. Ils donnent de la viande, mais pas de graisse, et encore la chair est-elle d'une médiocre qualité. Un autre inconvénient de ces croisements, c'est la grosseur des veaux, qui devient très-fatale aux mères pendant leur vêlage. En Angleterre, on donne à cette difformité le nom de *croupe hollandaise*.

Par suite de croisements mieux dirigés, on a actuellement, dans les environs de Londres, la race d'Yorck, qui, tout en conservant une abondante lactation, possède aussi à un haut degré la propriété de l'engraissement, qualité propre des bêtes à courtes cornes. On ne peut, néanmoins, profiter de ces deux facultés en même temps ; elles se succèdent suivant le désir du propriétaire. Il y a vingt ans, les choses se passaient bien différemment ; car les animaux qui tarissaient après avoir donné du lait pendant quatre ou cinq ans, ne s'engraissaient plus ensuite qu'avec peine, et, en définitive, le propriétaire trouvait plus d'avantages à vendre les bêtes dans l'état où elles se trouvaient lorsqu'elles cessaient de donner du lait.

Aujourd'hui, par suite des croisements avec les courtes cornes, les vaches donnent moins de lait ; mais il est de meilleure qualité, et aussitôt qu'il diminue, les bêtes s'engraissent avec presque autant de facilité que les Durham pur sang. Une semblable vache, dit *Parkinson,* mise au pâturage, s'engraisse dans trois mois, et la valeur augmente d'environ 2 fr. 50 c. par jour. Nos cultivateurs lorrains ont l'habitude de regarder comme un rendement considérable 15 à 20 litres de lait. En Angleterre, on a eu jusqu'à 36 litres, et il n'est pas rare d'en obtenir 30. La moyenne est de 24 litres. Après cela, il faut bien tenir compte aussi de la différence qu'il y a dans la quantité de beurre que l'on obtient d'une quantité de lait donnée ; car il est généralement reconnu que la richesse n'est plus la même avec une augmentation de produits aussi considérable. D'après les recherches faites par *Walton*, on obtiendrait environ 30 grammes de beurre de 6 litres 90 déc. de lait. D'un autre côté, on s'est aperçu aussi que le lait s'améliore à mesure que les animaux croissent en âge, et on a obtenu avec du lait d'une vache de six ans, une quantité de beurre presque double qu'avec celui des vaches de trois ans. Cette propriété augmenterait encore l'avantage de la castration pour les vaches d'un certain âge, qui ne peuvent guère servir que comme bêtes d'engrais. Quoi qu'il en soit, les résultats qu'ont obtenus les anglais doivent nous faire bien augurer des changements qu'est appelée à produire sur le continent, et en France surtout, l'usage des étalons courtes cornes.

Depuis l'introduction dans le pays, du taureau de M. *de Scitivaux*, le nombre des métis Durham s'est accru successivement, et aujourd'hui on les rencontre dans tous les environs de Nancy. Ils ont figuré avec distinction dans notre dernier Concours, et, d'ici à quelques années, on aura acquis assez d'expérience, je suppose, pour savoir à quoi on doit s'en tenir sous ce rapport. Selon les uns, les Durham sont surtout propres à l'engraissement, et, d'après d'autres autorités, ils sont avantageux aussi pour leurs produits en lait. Il est fort à désirer que cette dernière opinion puisse se justifier.

Jusque-là, cependant, on aurait tort de trop se presser ; car l'espoir que nous avons peut s'évanouir, les résultats peuvent changer par la dégénérescence ou par toute autre cause, et on conçoit alors tout le retard qu'éprouverait chez nous l'éducation du bétail, pour reprendre la marche ascendante qu'elle a en ce moment. Ce ne sont donc que des essais que l'on peut conseiller, et en cela nous imiterons les Belges, qui expérimentent aussi sur les Durham ; mais ils font leurs essais à petit bruit, sans enthousiasme, et, par là, ils arriveront à un résultat bien plus significatif.

Lorsqu'après avoir tout étudié et bien calculé, on a pris son parti, il faut, non pas de l'entêtement, mais une grande persévérance dans ses travaux ; car en fait d'améliorations agricoles, d'améliorations du bétail surtout, un changement continuel dans les idées conduirait nécessairement aux conséquences les plus funestes. La stabilité est donc ici une des premières conditions de succès ; et c'est parce que *Backwel* possédait cette qualité à un degré suprême, c'est, en un mot, parce qu'à un jugement sain il joignait un esprit très-observateur et presque tenace, qu'il a obtenu les résultats si remarquables dont s'honore aujourd'hui l'agriculture de la Grande-Bretagne.

Cette question des croisements et des importations d'animaux étrangers a été dernièrement, au sein de la conférence, l'objet d'une discussion très-vive et très-intéressante. Il s'agissait de savoir si on continuerait de prendre les taureaux suisses dans le canton de Berne, où l'on distingue d'ailleurs plusieurs races dont la taille diffère, selon qu'il s'agit de pays de plaines ou de montagnes, ou bien dans celui de Schwitz. On n'a peut-être pas obtenu de tous les animaux du canton de Berne, des résultats avantageux; mais, en général, le pays est satisfait des importations de la Société, et il y aurait tout à craindre à vouloir fronder l'opinion générale établie à cet égard. D'un autre côté, si on allait dans le canton de Schwitz, où les vaches, dit-on, sont plus productives, les animaux auraient un voyage plus long à faire, ce qui n'est pas le moindre inconvénient des exportations. On est donc convenu de suivre, pour cette année, la même marche que par le passé; seulement on prendra peut-être quelques taureaux dans les environs de Porentrui, où la taille est un peu moins élevée, ce qui permet aux animaux de continuer le service jusqu'à quatre ans et même au-delà; tandis que les gros taureaux suisses sont généralement réformés à trois ans, comme on a pu s'en assurer à chaque exposition. Les animaux de cet âge qui ont été présentés au concours n'en sont sortis que pour prendre le chemin de la boucherie.

Tout le monde sait d'ailleurs maintenant combien l'influence du régime est plus grande que toutes les autres; et, chez un grand nombre de nos cultivateurs, on trouve des animaux vraiment admirables de grâce et d'embonpoint, sans qu'aucune autre cause que la nourriture ait concouru à ce résultat. Au Châlet, par exemple, les vaches ont bien plus de taille qu'il y a cinq ans, et cette amélioration est due à l'effet seul du régime. Donnez une nourriture abondante, et les animaux seront méconnaissables d'une génération à l'autre; tandis que la dégénérescence la plus frappante se fera remarquer avec une nourriture médiocre.

Dans la Meurthe on rencontre souvent des animaux d'une belle taille et d'une belle conformation; mais ils ne conviennent pas spécialement pour telle chose plutôt que pour telle autre, parce que dans l'éducation du bétail nous voulons atteindre trop de résultats à la fois. Courir après trois lièvres c'est risquer de n'en attrapper aucun. Les anglais ont agi bien autrement que nous sous ce rapport. Ils n'ont jamais voulu atteindre qu'un seul but dans leurs améliorations, et c'est pour ce motif qu'ils sont arrivés au point de perfection où nous les voyons aujourd'hui. *Backwel* dans ses croisements pour obtenir des animaux de graisse, a fort bien compris qu'il n'y a pas de bénéfice à nourrir des os, et la race de Durham se distingue surtout par la quantité plus considérable de chair qu'elle donne, eu égard au poids de l'animal.

Dans tous les cas, hâtons-nous de le dire, on n'emploie, pour l'amélioration de nos races, qu'une demi-mesure, qu'une mesure incomplète, si l'on se contente de bien croiser et de bien nourrir. Il faut encore bien loger, avoir des étables à la fois salubres, commodes et économiques ; et malheureusement c'est ce qui manque encore dans beacoup de nos fermes. Les animaux sont quelque fois dans de vrais cloaques, entassés les uns sur les autres ; et, par suite de cette mauvaise disposition, non-seulement les bêtes souffrent, mais une grande partie des fourrages est encore perdue. Si, à la fin de l'hiver, le bétail est en assez bon état, c'est grâce à la très-grande quantité de nourriture qu'on a pu donner ; mais en bonne agriculture ce n'est pas un mérite d'obtenir peu de beaucoup ; c'est le résultat tout contraire qu'il faut atteindre.

D'un autre côté, on trouve aussi un très-grand nombre de cultivateurs imbus de cette idée, que le bénéfice à faire sur le bétail est dans le nombre, et ils le calculent plutôt d'après l'emplacement que d'après la quantité de nourriture dont ils disposent. C'est là le raisonnement le plus faux que l'on puisse faire ; car il conduit, comme on s'en apercevra facilement, aux conséquences les plus désastreuses. Si deux animaux partagent la nourriture d'un seul, ils donnent d'abord moins de produits que ce dernier, de quelque manière, d'ailleurs, qu'on envisage les choses, pour des bêtes de trait comme pour des bêtes de rente ; l'engrais moins bon est encore en plus faible quantité, et, s'il faut se défaire des animaux, on ne trouve d'acheteurs qu'à un prix très-peu élevé. Qu'on se pénètre donc bien de cette vérité que la ration, pour quelque genre de bétail que ce soit, concourt toujours à deux sortes de résultats : 1° à l'entretien de la bête ; 2° à la production du travail, de la graisse, du lait ou de la laine. Si l'on ne donne à deux animaux que la quantité de nourriture nécessaire pour qu'ils vivent, on n'en obtiendra que de misérables produits ; tandis que les deux rations d'entretien réunies sur une même tête auraient fourni aussi un double résultat. Cette explication, ce nous semble, est assez significative, si déjà la chose ne se comprenait d'elle-même.

Dans la construction des étables, il est un point sur lequel on est revenu si souvent déjà, qu'on ne conçoit vraiment pas comment nos cultivateurs s'obstinent encore à subir la conséquence d'un défaut qu'ils reconnaissent eux-mêmes. Un bon nombre, parce qu'ils font beaucoup plus de fumier qu'il y a dix ou quinze ans, pensent que cela doit suffire, et que l'urine est un superflu dont les terres peuvent bien se passer. Qu'ils aillent donc en Flandre et en Belgique, où l'on crée deux ou trois fois plus d'engrais que dans notre pays, pour une étendue donnée, et ils verront que leurs confrères flamands prennent les plus grandes précautions pour ne rien perdre de l'engrais liquide, qu'ils regardent avec raison comme très-précieux. En résumé, les étables, en Lorraine, sont donc généralement trop peu spacieuses, mal construites et parfois trop peuplées, relativement aux ressources dont on dispose. Si nos hommes des champs étaient plus soucieux de leurs intérêts, ils s'enquerraient de tout ce qui peut changer leur position sous ce rapport, et en visitant le Châlet de M. *Favier*, Sainte-Geneviève, Tomblaine, Remicourt, ils reconnaîtraient bien vite tout ce qui leur reste à faire, non pas pour rivaliser avec les chefs de ces établissements, mais du moins pour s'en tenir à la distance la moins grande possible.

Après cela, est-ce bien toujours la faute des cultivateurs-fermiers, s'ils ne pénètrent pas dans le chemin qu'on leur indique comme le plus avantageux ? Je suis loin de le croire; car on a trop d'exemples de l'incurie des propriétaires, qui regardent souvent comme une perte, ce qui serait employé en améliorations. Un grand nombre de bâtiments tombent en ruines, sans qu'on songe le moins du monde à les réparer. L'exploitant lui-même n'ose proposer ni constructions nouvelles, ni changement dans l'état des choses; car il craint de payer le tout par l'augmentation de canon trop considérable qu'on exigera de lui à la fin de son bail. D'un autre côté, il faut au propriétaire la garantie qu'il profitera de ses avances, ou, au moins, que ses dépenses ne seront pas à l'avantage seul du fermier. Tout cela s'arrangerait on ne peut pas mieux par l'adoption de plus longs baux, que l'on pourrait d'ailleurs diviser, comme on le fait en Angleterre, en plusieurs périodes, pour chacune desquelles l'augmentation du canon serait spécifiée. De cette manière, le cultivateur marcherait sans arrière-pensée; tous les jours il perfectionnerait, parce qu'il serait sûr de profiter le premier de ses améliorations; et le propriétaire, quoiqu'ayant obtenu de sa ferme le loyer qu'il désirait, la trouverait encore en meilleur état, et plus facile à louer, par conséquent, à la sortie de son fermier.

Malheureusement tous les esprits, chez nous, ne sont pas encore arrivés au point de comprendre cette vérité; et, si nous ne craignions de blesser la susceptibilité de certains propriétaires, dont la haine retomberait nécessairement sur leurs fermiers, nous pourrions signaler un bon nombre de fermes, dont les bâtiments, très-spacieux d'ailleurs, sont cependant si mal distribués ou si mal entretenus, qu'il est impossible d'y loger les animaux nécessaires relativement à l'étendue de l'exploitation. Quelques réparations suffiraient souvent pour disposer les choses d'une manière plus commode et plus économique, et biens des fermiers s'en chargeraient, si on leur permettait une jouissance assez longue pour qu'ils pussent rentrer dans leurs avances. Dans tous les cas, tous paieraient volontiers les intérêts de la somme que l'on aurait employée, en supposant qu'ils ne l'avancent pas eux-mêmes. C'est donc bien souvent aux propriétaires seuls qu'on doit reprocher la mauvaise disposition des bâtiments d'une ferme; mais ce sont leurs fermiers qui en souffrent le plus.

L'amélioration dans les étables, comme on le voit, doit marcher de front avec une bonne nourriture et des croisements bien entendus. Près des villes, où les écuries sont mieux construites, et où l'on comprend généralement mieux qu'ailleurs l'importance du bétail, parce qu'on a un débouché plus facile de ses produits, on a donné une extention plus grande qu'ailleurs à la culture des plantes fourragères, soit naturelles soit artificielles ; aussi les plus beaux animaux de notre concours sont-ils presque tous des environs de Nancy, et, tous les ans, nous voyons reparaître, en plus grand nombre, ceux des mêmes propriétaires. Ceci est fâcheux sans doute, car les prix arrivent ainsi chaque année dans les mêmes bourses ; mais cet inconvénient existera aussi longtemps que nos cultivateurs regarderont l'entretien d'une marcairerie comme une spéculation ruineuse loin d'une ville. Il y a moins d'avantages sans doute ; mais, en nourrissant mieux, on ferait des élèves et on convertirait avec bénéfice le lait en beurre ou en fromages.

Il y a déjà bien des cultivateurs qui ont entrepris de créer des marcaireries dans le seul but d'élever des veaux, qu'ils vendent très-facilement ensuite à 35 ou 40 centimes le demi-kilogramme en vie. D'autres font des fromages à la façon de Void ou de Brie, qui leur paient le lait à 10 ou 12 centimes environ le litre, et, à ce prix peu élevé, l'entretien des vaches leur est encore avantageux, à cause de la grande quantité de fumier qu'elles leurs procurent, surtout si on les nourrit à l'étable.

Nos cultivateurs, néanmoins, sont assez souvent arrêtés par la difficulté qu'ils éprouvent de se procurer les élèves qui doivent peupler leurs étables. Les plus riches, qui veulent avoir une marcairerie montée immédiatement, vont en Suisse, où ils achètent des génisses de quinze à dix-huit mois ou des vaches déjà formées. Dans les deux cas il y a inconvénient : les génisses, quelque belles qu'on les suppose, peuvent donner de mauvaises laitières ou devenir impropres à la reproduction, tandis que, si l'on prend des vaches toutes formées et dont les qualités ne sont pas douteuses, on les paiera à un prix fort élevé dans le pays ; car les Suisses tiennent aux bons animaux tout autant que nous, et le prix d'achat, joint à celui du voyage, portera le prix des bêtes de quatre à cinq ans à une somme fort élevée. Cependant, si l'on veut une race étrangère, ce dernier parti est peut-être encore le plus sage et le plus économique; mais le meilleur pour nos cultivateurs serait, sans contredit, d'être un peu moins enthousiaste pour tout ce qui vient de l'étranger, et de l'entourer d'un peu moins de prestige. Si l'on parvenait une fois à les engager à placer leur confiance dans le régime et la nature des aliments plus que dans la race, ils finiraient par comprendre qu'ils vont très-souvent chercher au-dehors, et à grands frais, ce qu'ils ont tout près d'eux. Croit-on, par exemple, que les jeunes veaux provenant des belles vaches de Sainte-Geneviève, du Châlet, de Remicourt, de Tomblaine, de MM. *Bravart,* de Saint-Jean; *Colson,* de Nancy, *Mathieu-Pernet*, de Nancy, etc., etc., ne donneraient pas d'aussi belles vaches que celles qui nous viennent de la Suisse? Elles auraient, au contraire, sur celles-ci, le très-grand avantage de vivre sous le climat où elles sont nées, d'être habituées à nos herbages, et de se trouver enfin en rapport avec les circonstances agricoles de notre pays. En agissant ainsi, nous verrions bientôt se répandre dans tout le département, dans toutes les fermes, une race constante dans ses résultats et obtenue par le concours des deux principaux agents auxquels on doive avoir recours dans l'amélioration du bétail, le régime et les croisements.

Mais il est loin d'en être ainsi, car les animaux des belles marcaireries que nous avons citées, et dont les noms pourraient être suivis d'un grand nombre d'autres, sont livrés pour la plupart à la boucherie, qui les paie à un prix que nos cultivateurs regarderaient comme trop élevé, parce qu'il serait question d'animaux du pays. En supposant qu'un veau de six semaines coûtât 60 à 80 fr., ce serait peu de chose en comparaison des avantages que nous avons signalés et d'autres encore ; car on connaît les qualités de la mère, et la fille probablement possèdera quelques-unes des mêmes vertus lactifères. Nos éleveurs ne demanderaient aucun bénéfice pour céder leurs produits surabondants ; mais il faudrait au moins qu'ils pussent les vendre à raison de 35 ou 40 centimes le demi-kilogramme, prix auquel les paie la boucherie.

Ce que nous disons ici des vaches s'applique également aux taureaux. Aurait-on de fort beaux étalons élevés dans le pays qu'on les laisserait là pour en aller chercher au dehors.

Ce Rapport a peut-être été commencé par la fin ; car nous avons fait connaître nos réflexions avant d'exposer les faits. Mais la question en elle-même est assez importante, ce nous semble, pour qu'on nous passe quelques irrégularités de rédaction. Notre but, d'ailleurs, est moins de faire connaître les chiffres du Concours que d'appeler l'attention de nos cultivateurs sur un point de leur art que nous regardons comme le plus important de tous à examiner; car le bétail et le fumier peuvent seuls nous amener l'agriculture à bon marché.

A l'exposition dernière on comptait :

Taureaux...........	20	976
Vaches.............	78	
Moutons............	850	
Porcs ou truies.......	28	

Nous avions donc en tout environ mille têtes de bétail, et ce résultat est d'autant plus significatif, que le mauvais temps a empêché un bon nombre de cultivateurs d'envoyer leurs animaux au Concours. La pluie a continué pendant tout le temps qu'a duré l'examen du Jury, et on doit les plus grands éloges à MM. *Besval*, *Riss* et *Henriet*, qui ont montré une fois de plus combien leur concours est précieux, indispensable même à la Société. Ces honorables Membres, quoique arrêtés dans leur tâche par une pluie qui ne cessait un instant que pour redoubler de violence, ne l'ont pas moins continuée avec tout autant de scrupule et d'attention que s'ils avaient opéré sous le ciel le plus beau.

Parmi les taureaux qui ont paru au Concours, on peut faire figurer en première ligne ceux de MM. *Turck*, de Ste.-Geneviève; *de Scitivaux*, de Remicourt; *Gonet*, de Clairlieu; *Blampain*, de Nancy; *Bravard*, de St.-Jean; *Viriot*, de Laneuveville; *Brice*, de Champigneules; *Choné*, de Ludres; et *Lamy*, des Francs.

MM. *de Scitivaux* et *Turck* ne pouvant obtenir de primes, à cause de leur qualité de Membres ordinaires, leurs marcaires ont reçu chacun une somme de 10 francs.

Quatre prix de 30 francs et un de 20 ont été accordés dans l'ordre suivant : 1° à un taureau âgé de 22 mois, appartenant à M. *Bravard*, de St.-Jean; 2° à un taureau de 30 mois, appartenant à M. *Blampain*, de Nancy; 3° à un taureau de 33 mois, appartenant à Mme *Gonet*, de Clairlieu; 4° à un taureau de 3 ans, appartenant à M. *Prosper Viriot*, de Laneuveville-devant-Nancy; 5° à un taureau de 14 mois, appartenant à M. *Choné*, de Ludres.

La Commission mentionne honorablement les taureaux de MM. *Brice*, de Champigneules, et *Lamy*, des Francs.

Une prime de 20 francs a été accordée en dehors du programme, au sieur *Pierre Lavoyer*, d'Amance, pour les soins qu'il met à conserver en bon état les taureaux que lui vend la Société.

MM. *Peultier*, de Pont-St.-Vincent; *Husson*, d'Haussonville; *Bertaux*, de St.-Germain; *Deville*, de la Garenne, à Nancy; *Auguste Viriot*, de Laneuveville, avaient aussi amené sur le champ du Concours des animaux dont la Commission s'empresse de proclamer le mérite ; mais le temps est venu où il faut laisser bien loin derrière soi les choses ordinaires pour avoir droit aux couronnes de la Société ; et le Jury ne peut que rendre hommage à la délicatesse et à la sagacité de nos cultivateurs, qui s'empressaient eux-mêmes de reconnaître la supériorité des animaux qui avaient obtenu les primes. Un seul a cru devoir réclamer contre la décision du Jury, qui l'excluait du Concours. C'était un bien fâcheux contre-temps, sans doute, pour ce cultivateur ; car la beauté de son bétail lui donne droit, tous les ans, aux premières primes de la Société : mais il s'est malheureusement trouvé compris le premier dans une mesure générale que prendra désormais la Commission du Concours. Si la Société, en effet, se prête, autant que faire se peut, à la commodité de nos cultivateurs, il ne faut pas que ceux-ci abusent de sa complaisance, en dépassant, au-delà des bornes convenables, les heures fixées pour le Concours. Il est donc bon qu'une fois pour toutes on sache que le Jury commencera ses opérations à huit heures précises, et que les retardataires ne pourront avoir droit à aucune prime. Il a été d'autant plus urgent de prendre cette décision, pour cette année même, que ce sont les cultivateurs les plus rapprochés qui sont arrivés les derniers.

Pour les vaches comme pour les taureaux, la Commission avait à choisir parmi un si grand nombre d'animaux, tellement remarquables par leur taille, leur belle conformation et leur embonpoint, qu'elle s'est trouvée dans un véritable embarras. Il y a un inconvénient, sans doute, à partager des prix déjà si minimes par eux-mêmes ; mais encore vaut-il mieux agir ainsi que d'exclure du Concours des animaux dont le mérite ne serait nullement au-dessous de ceux qui auraient été couronnés. Les deux primes de 60 francs et de 40 ont donc été réunies pour en former quatre de 25 francs, qui ont été accordées à MM. ***Bravard***, de St.-Jean; ***Blampain***, de Nancy; ***Deville***, du Crône; et ***Colson***, de Nancy.

La Commission, tout en signalant la plupart des animaux du Concours comme fort-remarquables, a cru devoir néanmoins accorder trois mentions toutes particulières : la 1re à M. *Mathieu Pernet*, qui vient de monter tout récemment une superbe marcairerie près de Nancy; la 2e à M. *de Scitivaux*, dont la marcairerie se distingue, non-seulement par les croisements de Durham, dont on attend avec anxiété les résultats, mais encore par les vaches du pays ou de la Suisse, remarquables par leur taille comme par leurs produits; la 3e à M. *Louis* de Tomblaine, qui possède toujours la marcairerie la plus nombreuse du pays.

Outre les deux primes accordées par la Société, pour les vaches de quatre à six ans, on en avait encore deux autres particulières et de la même valeur pour les produits de Durham, de 15 mois à deux ans. La 1re prime de 40 fr. a été accordée à une génisse de vingt-trois mois, appartenant à Mme *Gonet*, de Clairlieu. Deux autres primes de chacune 25 fr., ont été accordées, la 1re à une génisse de vingt mois, appartenant à M. *Peultier*, de Pont-Saint-Vincent, et la seconde à une génisse de quinze mois, appartenant à M. *Colson*, de Nancy. M. *de Scitivaux* aurait eu droit au premier prix, pour la belle génisse de quinze mois qu'il avait présentée au Concours; mais, comme membre ordinaire, il n'a pu rien recevoir, et une prime de 10 fr. a été accordée à son marcaire.

La Commission a vivement regretté, Messieurs, de ne pas avoir de récompense à accorder à de jeunes vaches de 2 à 4 ans, qu'entourait une admiration générale; aussi vous a-t-elle proposé, dans le programme des prix, quelques changements pour le Concours prochain. Nous n'accordons, en effet, de récompense dans les étables, qu'aux animaux de l'âge de 5 à 16 mois. Ils restent donc près de trois années avant de reparaître au Concours. D'un autre côté, nous n'admettons que les vaches au-dessous de 6 ans; tandis qu'il peut fort bien se faire qu'une vache de 8 et même 10 ans soit encore excellente par ses qualités lactifères et prolifiques. Peut être, dira-t-on, qu'un cultivateur a tout le temps de présenter ses animaux jusqu'à l'âge de 6 ans, surtout si le laps de temps indiqué par le programme est de 3 à 6 au lieu de 4 à 6; mais, comme l'a fort bien fait remarquer M. *Turck,* on peut devenir propriétaire d'une très-bonne vache, dont l'âge dépassera d'un an ou deux celui qu'indique le programme; elle n'aura jamais été primée, et, cependant, dans l'état de choses actuel, elle ne pourra avoir droit à aucune récompense.

Pour les jeunes taureaux, la Commission a aussi proposé qu'on les admît au Concours jusqu'à l'âge de 2 ans, ce qui placerait dans la seconde catégorie tous les animaux de 2 à 3 ans. Afin d'engager les cultivateurs à conserver leurs taureaux le plus longtemps possible, on avait aussi proposé de reculer d'une année au moins, le temps fixé pour l'admission au Concours. Il ne peut, sans contredit, en résulter aucun inconvénient; mais ce changement ne produira non plus rien d'avantageux, car, après trois ans, les taureaux sont ou trop lourds ou trop méchants. Le premier inconvénient peut être sensiblement diminué, si l'on prend des précautions pour la nourriture; mais le second existera toujours, malgré les moyens que l'on a recommandés à Grignon et ailleurs pour maîtriser les taureaux fougueux. Sous ce rapport, les choses peuvent donc rester dans leur état actuel.

Parmi les autres exposants, dont les produits, quoique fort remarquables, se trouvaient hors des conditions du Concours, on doit citer MM. *Turck,* de Sainte-Geneviève; *Viriot*

(*Auguste*), de Laneuveville; ***Deville,*** de la Garenne; ***Husson,*** d'Haussonville; *de Lasalle*, de Saint-Germain; ***Brice***, de Champigneules; *Viriot* (*Prosper*), de Laneuveville; et *Voiran*, de Chavigny. La Commission regrette de n'avoir à offrir que ses sincères félicitations à ces honorables concurrents; qu'ils les reçoivent néanmoins comme témoignage de toute la sympathie qu'elle éprouve pour le zèle et la persévérance qu'ils apportent dans leurs tentatives d'améliorations. Il faut bien se le dire, d'ailleurs, les récompenses en elles-mêmes ont bien peu de part dans les résultats qu'est appelée à produire une *exhibition d'animaux*. Comme l'a fort bien fait remarquer M. *Monnier*, à une de nos dernières réunions, si les Concours de bestiaux sont utiles, c'est surtout afin de montrer à nos cultivateurs, qui s'y rendent de tous les points du département, ce qu'il leur reste à faire en fait d'éducation du bétail.

Quant aux bêtes ovines, malgré le mauvais temps, elles se sont trouvées en assez grand nombre sur le champ du Concours, et, parmi les troupeaux exposés, on distinguait surtout ceux de MM. *Daurier*, de Voiraincourt; *Turck*, de Sainte-Geneviève; *de Scitivaux*, de Remicourt; *Brice*, de Champigneules; *Gœtzmann*, de la côte de Toul; et *Louis*, de Tomblaine. M. *Choné*, de Ludres, avait aussi exposé trois béliers d'une taille assez remarquable. Les récompenses, pour les agneaux, ont été accordées à MM. *de Scitivaux*, pour son berger, 10 fr.; *Louis*, 60 fr.; et *Gœtzmann*, 30 fr.

Les primes pour les béliers Dishley ont été partagées : la 1re, de 100 fr., entre MM. *Turck*, *Daurier* et *Brice*, dont les bergers ont reçu des primes;

La seconde de 60 fr. a été partagée entre MM. *Gœtzmann* et *Louis*, de Tomblaine.

La Commission a pu s'assurer sur le champ du Concours, comme dans ses tournées agricoles, de l'influence heureuse des croisements opérés jusqu'à ce jour avec les *Dishley*. Tous nos cultivateurs qui, en introduisant dans leurs troupeaux le sang anglais, ne sont pas restés au-dessous de la tâche qu'ils entreprenaient, parce qu'ils l'avaient bien étudiée, tous ceux, en un mot, qui ont compris que, pour créer de la viande, but qu'ils se proposaient, il fallait avant tout des aliments, tous ceux-là, disons-nous, ont réussi au-delà même de l'espoir que l'on avait conçu dès le principe ; mais ici, comme pour nos importations de taureaux, il faut persévérer dans la voie où nous avons pénétré, puisque jusqu'à présent nous avons réussi. En effet, en supposant que les New-Kent et les Leicester, les deux principales races anglaises que l'on a introduites avec les Dishley, aient les mêmes qualités que ceux-ci, il n'en serait pas moins très-nuisible de changer d'animaux reproducteurs; car on aurait bientôt une infinie variété de races, entre lesquelles on ne saurait plus quoi choisir. Dans le Berry, c'est à la race de New-Kent-Goord que l'on accorde la préférence, comme étant la plus antique et la plus avantageuse, tant par sa chair que par le poids et la valeur de sa toison. A Grignon, on a essayé à la fois la race de Leicester et celle de Dishley. La première, croisée avec les races mérine, artésienne et du Gâtinais, a donné de fort bons résultats; les animaux provenant de ces croisements s'engraissaient avec une étonnante facilité. Mais les Dishley paraissent plus rustiques, quoique inférieurs cependant, sous le rapport de la laine. Les unes et les autres de ces races ont donc leurs avantages et leurs inconvénients; mais les Dishley doivent être pour nous, jusqu'à mieux, les animaux à préférer.

Aujourd'hui, on ne rencontre plus de mérinos purs; car la laine n'ayant plus de valeur, on est obligé de chercher à se dédommager par une plus forte taille. En Italie, on profite du lait des mérinos pour faire des fromages, qui sont très-estimés dans le pays, et on trouve cette spéculation avantageuse; mais, chez nous, où les goûts sont différents, il n'en serait plus de même, et le seul remède au mal actuel, c'est une augmentation dans le droit d'entrée sur les laines à la frontière, et l'entretien d'animaux dont les produits en chair soient aussi considérables que possible. La première mesure regarde le Gouvernement; mais il se passera bien du temps encore, avant qu'on prenne une décision à cet égard, car les agriculteurs ne mettent pas assez d'insistance dans leurs demandes: ils se laissent dévancer par les partisans du système libéral; et, sans qu'on cède entièrement à ces derniers, on leur fait des demi-concessions qui nuisent considérablement à l'agriculture. Les disciples de M. *Blanqui* et tous les *cosmopolites* prétendent que c'est la faute de nos cultivateurs s'ils ne peuvent rivaliser avec l'étranger, et que la concurrence seule peut les faire sortir de l'indifférence dans laquelle ils sont restés si longtemps pour leurs troupeaux; mais tout cela est mensonge, car, pour rivaliser avec l'étranger, la Russie, par exemple, il faudrait que, comme dans ce dernier pays, nous eussions des terres à 10 fr. l'hectare de loyer. Là, on ne compte pour rien la viande, puisqu'elle ne se vend pas plus de 10 cent. le kilog., et la laine s'obtient au prix le plus minime. La facilité est telle, pour entretenir les troupeaux, qu'il n'est pas rare de rencontrer des propriétaires ayant plus de 60,000 bêtes à laines, distribuées dans leurs fermes. Ce serait folie que de prétendre pouvoir lutter contre de telles concurrences, dans l'état actuel des choses, en France. Qu'on nous donne des armes égales, et bientôt nous pourrons, à notre tour, vaincre nos voisins.

Votre Société, Messieurs, n'étend pas seulement sa sollicitude aux bêtes bovines et aux moutons. Elle s'occupe sérieusement aussi, depuis quelques années, de l'amélioration des porcs. L'introduction, dans nos contrées, de la race du Hampshire a produit les plus heureux résultats, et aujourd'hui il n'est aucun de nos cultivateurs qui ne veuille avoir quelques animaux de cette nouvelle espèce. M. *Daurier* continue toujours à répandre dans le pays les produits de sa porcherie de Voiraincourt ; mais il ne travaille plus seul à cette amélioration, qui intéresse à un si haut point l'avenir de nos campagnes, où le porc et les légumes forment une grande partie des aliments. M. *Turck*, à Sainte-Geneviève, M. *Fawtier*, à la poste de Velaine, élèvent aussi des jeunes truies et des jeunes verrats, qui sont ensuite vendus aux amateurs.

Trois prix, de 50 francs chacun, ont été donnés pour les porcs.

Le premier a été partagé entre MM. *Burtin*, des Grands-Moulins, pour deux truies tonquines de dix-huit mois, et *Bravard*, de Saint-Jean, pour une truie race anglo-chinoise, accompagnée de ses petits.

Le deuxième prix, pour le plus beau mâle de un à quatre ans, a été partagé entre MM. *Nicolas Digon*, de Nancy, pour son mâle tonquin, et *Bravard*, de Saint-Jean, pour son mâle du pays. La Société a prouvé par-là que les nouvelles races ne seront pas les seules qu'elle récompensera, et que les animaux du pays peuvent aussi, à mérite égal ou supérieur, obtenir des primes.

Le prix de 50 fr., pour le porc le plus gras et le plus lourd amené au Concours, a été accordé à M. *Viriot*, de Pixerécourt, qui avait obtenu le même prix l'année dernière.

C'est surtout lorsqu'on envisage la question de l'engraissement que les tonquins offrent d'immenses avantages, et ont une supériorité bien marquée sur les animaux du pays. Au bout de six à sept mois, ils pèsent de 40 à 45 kilogrammes ;

et, pour peu qu'on les nourrisse fortement, ils tombent, d'après les remarques faites par M. *de Scitivaux*, dans un état d'obésité tel, qu'ils ne peuvent plus reproduire. Très-courts sur jambes, et quoique en apparence très-petits, ils n'en sont pas moins extrêmement lourds avant la fin de l'hiver. On en a tué un à Remicourt qui, quoique d'une taille ordinaire, pesait 177 kilogrammes, chair nette. C'est le double du poids des gros cochons du pays; car le plus grand nombre des animaux abattus dans les villes sont du poids de 75 à 100 kilogrammes. Rarement ils atteignent ce dernier chiffre, et très-souvent ils sont au-dessous du premier. Il y a donc tout à gagner à prendre cette race; et, si les résultats constatés jusqu'à présent ne sont pas contredits, on ne manquera pas de se décider bientôt à l'adopter dans toutes les fermes.

Croisée avec les animaux du pays, elle donne aussi de fort bons résultats : les produits sont bien moins osseux que chez nos cochons ordinaires, et l'engraissement est plus facile. Si l'on n'a pas de parcours, c'est même par les croisements qu'on réussit le mieux; car les tonquins demandent de prendre un exercice très-souvent renouvelé. Il faudrait donc, comme cela se voit au Châlet, que les loges des cochons fussent placées au milieu d'une espèce de parc, où les animaux trouvent des arbres pour se frotter et un abri pour se préserver du soleil. Il faudrait, avec cela, un petit courant d'eau où ils pussent se baigner et se rouler aussi souvent qu'ils le désirent.

Tels sont, Messieurs, les résultats que votre Commission a eu à constater au dernier Concours. Nous n'attendions pas moins de nos cultivateurs, et ces résultats, en nous donnant une garantie certaine pour le présent, nous font encore mieux augurer de l'avenir. Ils répondront victorieusement aussi aux attaques de ces prétendus agronomes qui, appuyant leurs systèmes de chiffres imaginaires ou tirés de quelques exceptions, soutiennent que notre bétail ne s'est pas amélioré depuis un demi-siècle. Ils partent de là aussi pour établir que le système protecteur n'ayant pas fait faire un pas de plus à notre agriculture, surtout en ce qui regarde l'éducation du bétail, on doit se hâter de l'abandonner pour favoriser les consommateurs, tout en forçant nos cultivateurs à faire mieux eux-mêmes pour vivre. Mais, nous le demandons avec M. *Moll*, si le nombre des animaux n'a pas augmenté depuis 1800, si les races n'ont subi que de légères améliorations, à quoi donc est due l'augmentation énorme qui a eu lieu dans les produits de la terre depuis cette même époque? Comment se fait-il que *Chaptal*, lorsqu'il a fait la statistique agricole de toute la France, n'ait trouvé en moyenne que huit hectolitres de blé par hectare, tandis qu'aujourd'hui la moyenne est de 13 h. 01 ? C'est, en 21 ans, 63 pour cent d'augmentation; et, si les procédés de culture ont été plus perfectionnés, il n'en est pas moins vrai que c'est au fumier que l'on doit attribuer la plus grande part dans ce résultat. D'un autre côté, on voit tous les jours disparaître la jachère, qui fait place aux prairies artificielles et aux racines sarclées, et, si l'on ne suppose pas une augmentation de bétail, il sera impossible de s'expliquer l'emploi de ces fourrages. Dire que le bétail ne devient pas tous les jours à la fois plus beau et plus nombreux, c'est donc nier un fait de la plus grande évidence. Chaque année nous démontre une amélioration plus frappante, et ce serait nous forcer sinon à reculer, du moins à rester stationnaires, que de diminuer les droits que supporte le bétail étranger. Si, soutenus par un tarif protecteur, nous avons marché aussi lentement, si les résultats ont été si longs à se produire, que serait-ce donc si nous étions abandonnés à nos propres forces? Les étrangers profiteraient seuls de notre système de *laisser-*

faire et laisser-passer; car l'avantage pour les consommateurs serait insignifiant, et l'agriculture française se ruinerait.

Extrait de la Distribution des Prix.

La Société, après avoir entendu les Rapports de sa Commission des Concurrents et des différents Jurys qu'elle a délégués, arrête que les récompenses offertes par ses Programmes et celles qu'elle a cru devoir accorder hors de ses Concours, seront décernées dans l'ordre suivant, savoir :

Prix pour la bonne tenue des Exploitations rurales.

Le 1er *Prix*, ou la médaille d'or de 100 fr., n'a pas été mérité cette année.

Le 2e *Prix*, médaille d'or de 50 fr., est accordé à M. *Marc*, cultivateur à Villers-sous-Prény.

La Société, désirant témoigner sa satisfaction à M. *Paté* aîné, cultivateur à La Netz, commune de Marthil, lui décerne, hors de Concours, *une médaille d'or de* 50 *fr.*, comme récompense personnelle.

Primes pour la construction des fosses à purin et l'emplacement des fumiers.

La 1re *Prime*, de 60 fr., à M. *Louis* (*Joseph*), cultivateur à Tomblaine.

La 2e *Prime*, de 40 fr., à M. *Gauché-Chaumont*, cultivateur à Loro-Montzey.

Concours de Charrues.

La 1re *Prime*, de 75 fr., portée à 80, a été partagée entre *Gérard*, conduisant la charrue n° 21 (*Dombasle* à avant-train), à M. *Eugène Bertier*, de Virecourt (28 points $^2/_3$), et

François Masson, conduisant la charrue n° 12 (*Dombasle* à avant-train), à M. *Pellet*, de Barbonville (28 points $^1/_6$).

La 2e *Prime*, de 50 fr., portée à 60, a été partagée entre *Jean Favier*, conduisant la charrue n° 20 (*Dombasle* à avant-train), à M. *Louis*, de Tomblaine (27 points $^1/_6$), et M. *Choné*, de Fléville, conduisant sa charrue, n° 2 (charrue du pays) (26 points $^1/_3$).

La 3e *Prime*, de 25 fr., portée à 30, a été partagée entre *Alexis Ferry*, conduisant la charrue n° 7 (charrue du pays), à M. *Colin*, de Gérardcourt (25 points $^1/_2$), et *Joseph Gérard*, conduisant la charrue n° 22 (araire-*Dombasle*), à M. le baron *Daurier*.

N. B. A voir le travail exécuté par cet araire-*Dombasle*, il aurait sans doute mérité un des premiers Prix, si le garçon n'eût été indisposé.

Médailles d'argent pour le plus bel attelage : 1re à M. *Husson*, d'Haussonville ; 2e à M. *Pellet*, de Barbonville.

Médaille d'argent pour les plus belles juments ayant pris part au Concours : à M. *Michelet*, de Ville-en-Vermois.

Essai d'Instruments aratoires.

Il est fait mention honorable du semoir de M. *Vigneron*, Président de la Société d'Agriculture de l'arrondissement de Toul ; cet instrument a été perfectionné, mais il demanderait à être fabriqué plus solidement.

Des remercîments sont adressés à M. le comte *de Lambel*, pour avoir fait fonctionner un nouveau semoir qui promet de devenir fort utile, et le dynamomètre-*Martin*, pièce d'horlogerie très-remarquable.

Garçons de charrue, Marcaires et Bergers.

La *grande Médaille* n'a point été méritée cette année.

La Société avait à distribuer cinq livrets de la Caisse d'épargne, de la somme de 25 fr. chacun.

Le 1er *Livret des garçons de charrue* est accordé à *Hilaire Voygnes*, chez M. *Colin*, de Gérardcourt, depuis 14 ans.

Le 2e *Livret*, à *Joseph François*, chez M. le baron *de Vincent*, à Lesse, depuis 9 ans.

Le 3e *Livret*, à *Nicolas Miller*, chez M. *Antoine Brice*, de Champigneules, depuis 8 ans $^1/_2$.

Aucun marcaire ne s'étant présenté, les deux livrets restants sont reportés sur des bergers, savoir :

Le 1er *Livret des bergers*, à *Pierre Barthélemy*, chez M. *Colin*, de Gérardcourt, depuis 17 ans.

Le 2e *Livret*, à *Pierre Heip*, chez M. le baron *de Vincent*, à Lesse, depuis 8 ans $^1/_2$.

La Société a décidé qu'il serait fait mention publiquement des bons certificats suivants accordés à cinq garçons de charrue et à trois bergers, en les engageant à persévérer dans leur bonne conduite, et à se représenter l'année prochaine. Ce sont : Garçons de charrue : *Nicolas Colin*, chez M. *Peckler*, de Gérardcourt, depuis 7 ans ; *Jérémie Hiller*, chez MM. *Huin*, *Levylier* et *Petitbon*, de Champigneules, depuis 7 ans ; *Ernest Valentin*, chez M. *Genay*, de Froville, depuis 7 ans ; *Jean Favier*, chez M. *Louis*, de Tomblaine, depuis 6 ans ; *Nicolas Lhuillier*, chez Mmes *Mac-Dermott*, de Fleur-Fontaine, depuis 5 ans. Bergers : *Nicolas Scheffer*, chez M. *Antoine Brice*, de Champigneules, depuis 7 ans $^1/_2$; *Nicolas Noll*, chez M. *Amédée Turck*, de Sainte-Geneviève, depuis 6 ans ; *François Maringué*, chez M. *de Scitivaux de Greische*, depuis 5 ans $^1/_2$.

D'autres certificats ont été présentés ; mais, ou ils ont été envoyés trop tard, ou bien ils n'étaient pas revêtus des formalités exigées par le Programme.

Amélioration des Écuries et des Étables.

Néant.

Multiplication des Bêtes bovines.

La 1re *Prime*, de 100 fr., est accordée à M. *Louis*, de Tomblaine, déjà nommé.

La 2e *Prime* n'a point été méritée.

Taureaux.

La *prime* de 50 fr., pour les taureaux de 1 an à 18 mois, portée à 60 fr., est partagée en trois : 30 fr. à M. *Bravard*, de Saint-Jean, près de Nancy ; 20 fr. à M. *Choné*, de Ludres ; et 10 fr. au marcaire de M. *de Scitivaux de Greische*, ce dernier ne pouvant recevoir de prime à cause de sa qualité de Membre ordinaire.

La *Prime* de 100 fr., pour les taureaux de 18 mois à 3 ans, portée à 120 fr., est partagée en 3 primes de 30 fr. chacune, à MM. *Prosper Viriot*, de Laneuveville, *Blampain*, de Nancy, et *Gonet*, de Clairlieu ; plus une de 20 fr. à M. *Lavoyer*, d'Amance, et 10 fr. au marcaire de M. *Amédée Turck*, de Sainte-Geneviève, Membre ordinaire.

Mentions honorables à MM. *Brice*, de Champigneules, et *Lamy*, des Francs.

Vaches.

Les deux *Primes*, portées à 125 fr., sont réunies et partagées en 4 primes de 25 fr. chacune, à MM. *Bravard*, déjà nommé, *Blampain*, déjà nommé, *Deville*, du Crône, et *Colson*, de Nancy ; plus une de 15 fr. à M. *Mathieu-Pernet*, de Nancy ; et 10 fr. au marcaire de M. *Brice*, de Champigneules, Membre ordinaire. Deux *Mentions honorables* sont accordées, la 1re à M. *de Scitivaux de Greische*, déjà nommé, et la 2e à M. *Louis*, de Tomblaine, déjà nommé.

Génisses de Durham.

Une *Prime* de 40 fr. à M. *Gonet*, déjà nommé ; 2 *Primes* de 25 fr. à MM. *Colson*, déjà nommé, et *Peultier*, de Pont-Saint-Vincent ; et 10 fr. au marcaire de M. *de Scitivaux de Greische*, déjà nommé.

Métis de Dishley.

Une *Prime* de 60 fr. à M. *Louis*, de Tomblaine, déjà nommé ; une *Prime* de 30 fr. à M. *Gœtzmann*, de Nancy; et 10 fr. au berger de M. *de Scitivaux de Greische*, nommé pour la 4e fois.

Béliers Dishley.

Sur la 1re *Prime*, il est accordé 20 fr. au berger de M. *Amédée Turck*, déjà nommé ; 10 fr. à celui de M. le baron *Daurier*, et 10 fr. à celui de M. *Brice*, déjà nommé, tous trois Membres ordinaires.

La 2e *Prime*, de 60 fr., est partagée entre MM. *Louis*, de Tomblaine, nommé pour la 5e fois, et *Gœtzmann*, déjà nommé.

Porcs.

La *Prime* de 50 fr., pour les plus belles truies, est partagée entre MM. *Burtin*, des Grands-Moulins, et *Bravard*, déjà nommé.

La *Prime* de 50 fr., pour les mâles tonquins, est partagée entre MM. *Dignon*, de Nancy, et *Bravard*, nommé pour la 4e fois.

La *Prime* de 50 fr., pour le porc le plus gras, est décernée à M. *Viriot*, de Pixerécourt.

Exposition d'Instruments d'agriculture et d'horticulture.

Nouvelle *Mention très-honorable* à M. *Amédée Turck*, Membre ordinaire, nommé pour la 5e fois, pour les perfectionnements qu'il a faits à son planteur et à son arracheur de pommes de terre.

Mention honorable au semoir de M. le docteur *Vigneron*, de Toul, instrument ingénieux, mais qui n'a pas été jugé assez solide.

Médaille spéciale d'argent à M. *Fr. Liébaut*, de Punerot (aujourd'hui au pont d'Essey, près de Nancy), pour son tarare à augets.

Il est fait *Mention très-honorable* de l'application de la vis d'Archimède au tarare par le même exposant. La Société l'engage à rendre le mouvement de cette machine plus facile et à la représenter l'année prochaine, assez à temps pour qu'elle puisse être essayée par la Commission de mécanique. Si elle procure les avantages qu'elle promet, il sera décerné à l'auteur une médaille d'or, lors de la Séance publique de 1845.

Mention honorable à M. *Laborde*, de Beaufremont (arrondissement de Neufchâteau, Vosges), pour ses tarares.

Rappel des Médailles de bronze décernées l'année dernière à MM. *Célestin Devaux* et *Serrière* fils, taillandiers à Malzéville.

Mention honorable à M. *Sollier*, de Toul, pour ses divers instruments et machines d'horticulture.

Nota. La Commission a remarqué l'araire exposé par M. *Grandjean*, de Réméréville ; mais, pour en apprécier les avantages, il aurait fallu qu'il eût été essayé lors de la Réunion agricole.

Plusieurs mécaniciens ayant exposé après la tournée du Jury, leurs produits n'ont pu être examinés.

(*Extrait du* Bon Cultivateur.)

NANCY. — J. TROUP, Imp. de la Société, passage du Casino.

www.ingramcontent.com/pod-product-compliance
Ingram Content Group UK Ltd.
Pitfield, Milton Keynes, MK11 3LW, UK
UKHW021649260726
13994UKWH00003B/1372

9 782329 398426